Christiane Wergowski

Alleine bleiben

Christiane Wergowski

Alleine bleiben

Die Hundeschule

Müller
Rüschlikon

Impressum

Einbandgestaltung: Petra Pawletko
Titelbild: Varina & Jay Patel©www.fotolia.de

Bildnachweis: aboutpixel.de/© Janine Blank; aboutpixel.de/© chhmz; aboutpixel.de/© ouzonight; ©Aroka/PIXELIO: S. 39; Iris Bach, www.irisbach.de: S. 15, 16, 37, 39, 50, 52; ©beppo1/PIXELIO: S. 44; ©coldriver2/PIXELIO: S. 60; ©iso/PIXELIO: S. 28; ©Matthias Balzer/PIXELIO: S. 19; ©Marco Barnebeck/PIXELIO: S. 12; ©biene29/PIXELIO: S. 46; ©Marcus Brauer/PIXELIO: S. 3; ©Fokker100/PIXELIO: S. 13 oben; ©Dietmar Götte/PIXELIO: S. 45 oben; ©Helga/PIXELIO: S. 42; ©kklausi/PIXELIO: S. 67; ©Kunstzirkus/PIXELIO: S. 8; ©magicpen/PIXELIO: S. 86; ©maluch/PIXELIO: S. 51; ©mastai/PIXELIO: S. 93; ©Peter Meierhans/PIXELIO: S. 41; ©Michael Muchow/PIXELIO: S. 25; ©nanedeppe/PIXELIO: S. 80; ©Michael Ottersbach/PIXELIO: S. 27; ©Heiko Ötjen/PIXELIO: S. 64; ©A.S./PIXELIO: S. 7; ©Davis Schrapel/PIXELIO: S. 30; ©Bernd Sterzl/PIXELIO: S. 88; ©Ilona Rieck/PIXELIO: S. 18; ©Adolf Riess/PIXELIO: S. 21, 59; ©Monika Schaal: S. 23; ©Katrin Schamaun/PIXELIO: S. 31, 69; ©Templermeister/PIXELIO: S. 9, 14 oben; ©Wilson Urlaub/ Nicolene Reichel-Creatas Images/PIXELIO: S. 26; ©P. Weber/PIXELIO: S. 49; Christiane Wergowski: S. 10/11, 13 unten, 14 unten, 17, 29, 40, 43, 55, 56, 57, 82, 83, 84, 85; ©Kerstin Ziebandt/PIXELIO: S. 73.

Bilder im Kolumnentitel: Beate Schwarz, http://fotografie.com-werkstatt.de/

Die in diesem Buch enthaltenen Hinweise und Ratschläge beruhen auf in jahrelanger praktischer und theoretischer Arbeit mit Hunden gemachten Erfahrungen und gesammelten Erkenntnissen in der Tierverhaltenstherapie und im Hundealltag. Alle Angaben wurden gründlich geprüft. Eine Haftung der Autorin oder des Verlages und seiner Beauftragten für Personen-, Tier-, Sach- und Vermögensschäden ist ausgeschlossen.

ISBN 978-3-275-01659-4
Copyright © 2008 by Müller Rüschlikon Verlag
Postfach 103743, 70032 Stuttgart
Ein Unternehmen der Paul Pietsch Verlage Gmbh+Co
Lizenznehmer der Bucheli Verlags AG, Baarerstr. 43, CH-6304 Zug
1. Auflage 2008

Sie finden uns im Internet unter **www.mueller-rueschlikon-verlag.de**

Lektorat: Claudia König
Innengestaltung: Petra Pawletko
Druck und Bindung: Agentur Dalvit, 85521 Ottobrunn
Printed in Europe

Inhalt

Grundsätzliche Überlegungen zum Alleinebleiben

Ungefähr ein Drittel aller Hunde, die in der tierärztlichen Praxis für Verhaltenstherapie vorgestellt werden, haben Probleme mit dem Alleinebleiben. Die Mitarbeiter von Tierschutzvereinen können ein Lied davon singen, wie viele Hunde im Tierheim landen, weil sie nicht alleine bleiben können und ihre Besitzer keinen anderen Ausweg sehen. Gleichzeitig gibt es viele Hundebesitzer, die teilweise erhebliche Einschränkungen ihrer Lebensqualität in Kauf nehmen, weil sie ihren Hund nicht allein lassen können. Diese Hundebesitzer würden ihren Hund niemals weggeben. Da sie keine andere Lösung sehen, organisieren sie ihr Leben so, dass der Hund nicht alleine sein muss. Sie gehen nicht mehr ins Kino oder Theater. Sie verzichten, nachdem die Kinder aus dem Haus sind, auf die lang ersehnte Teilzeitstelle. Sie lassen Kontakte mit Bekannten und Verwandten notgedrungen abreißen, weil die bisherigen gemeinsamen Hobbys mit Hund nicht möglich sind.

Dabei können die meisten Hunde lernen, stressfrei alleine zu bleiben. Bevor wir uns aber im nächsten Kapitel mit dem »Wie?« des Trainings beschäftigen, ist es notwendig, das »Warum?« zu verstehen. Warum haben so viele Hunde ein Problem mit dem Alleinebleiben? Warum bellen und jaulen sie teilweise stundenlang, zerstören die Wohnungseinrichtung oder sind unsauber, wenn die Besitzer sie alleine zu Hause lassen? Betrachten wir das Ganze also einmal aus der Sicht des Hundes.

1.1. ... *aus Hundesicht*

Der Hund ist, genau wie sein Stammvater der Wolf, ein Rudeltier. Genauer gesagt gehört er, wie beispielsweise auch der Mensch und das Pferd, zu den obligat sozial lebenden Säugetieren. Obligat sozial lebende Tiere können nicht längere Zeit ohne ihre soziale Gruppe überleben. Isoliert man sie langfristig, entwickeln sie schwere psychische Probleme und sterben häufig, auch wenn sie ansonsten alles zum Leben Notwendige bekommen. Todesursache ist der Dauerstress, der durch die soziale Isolation ausgelöst wird. Aus diesem Grund ist die Einzelhaltung von Pferden verboten und die Isolationshaft beim Menschen wird als eine der schlimmsten Foltermethoden eingestuft.

Ein einsamer Wolf überlebt nicht lange.

Wölfe sind Rudeltiere, auch wenn das Zusammenleben manchmal Kompromisse erfordert ...

Hunde sind obligat sozial lebende Tiere.

Diese Hunde der Trummlerstation gehören zu einem der wenigen natürlich gewachsenen Hunderudel in Menschenhand.

Hier kann man beobachten, wie viel wölfisches Sozialverhalten noch in unseren Haushunden steckt.

Die Gemeinschaft gibt die nötige Sicherheit bei der Begegnung mit einer Besuchergruppe.

1.1.1. Ist Alleinsein artgerecht?

In der Natur ist ein Wolfs- oder Hundewelpe, der den Anschluss an sein Rudel verliert, sehr schnell ein toter Welpe. Deswegen löst Alleinsein regelrecht Todesangst aus. Ein Saugwelpe, der aus dem Nest fällt und den Körperkontakt zur Mutter oder den Wurfgeschwistern verliert, stößt einen angeborenen »Hilfeschrei« aus und kriecht solange im Kreis, bis seine Mutter ihn ins Nest trägt oder er selbst den Kontakt wieder herstellen kann. Später, wenn die Welpen hören, sehen und laufen können, sind sie nicht mehr auf ständigen Körperkontakt angewiesen. Sie fangen an, das Nest zu verlassen und gemeinsam mit den Geschwistern die nähere Umgebung zu erkunden. Noch ein bisschen später unternehmen sie auch ganz alleine kleine Ausflüge, achten aber stets darauf, nicht den Anschluss zu verlieren. Unternimmt das Rudel größere Jagdausflüge, bleiben die Welpen – meist unter Aufsicht eines älteren Rudelmitglieds – bei der Wurfhöhle zurück. Erst im Alter von fünf bis sechs Monaten begleiten sie das Rudel auch bei solchen Touren. In der Natur lernt ein Welpe, wenn alles nach Plan verläuft,

Saugwelpen brauchen den Körperkontakt mit Mutter oder Geschwistern, um sich sicher und wohl zu fühlen.

also schrittweise und angepasst an seine eigene körperliche und geistige Entwicklung unabhängiger zu werden und sich gleichzeitig in seine Umwelt und seine soziale Gruppe einzupassen. Phasen des Alleinseins erlebt er normalerweise nur, wenn er sie sich selber schafft. Bei allzu unternehmungslustigen Welpen beendet die Mutter solche Einzelausflüge teilweise, indem sie das vorwitzige Kind zur Wurfhöhle zurückträgt. Trotzdem überleben Jungtiere, die sehr unabhängig sind, häufig nicht lange. Nicht alleine sein zu wollen, ist ein echter Überlebensvorteil. Alleinsein ist also streng genommen nicht artgerecht. Wo genau die Grenze zu ziehen ist, muss im Einzelfall entschieden werden. Ständiges langes Alleinsein, manchmal 22 oder 23 Stunden am Tag, wie es bei der Einzelhaltung von Hunden im Zwinger oder Gartengrundstück immer noch teilweise üblich ist, ist sicherlich nicht artgerecht. Aber zwischen optimaler und nicht mehr akzeptabler Hundehaltung gibt es ein weites Feld von Möglichkeiten.

Alleinsein erzeugt Stress. Auch der schönste Auslauf ist kein Ersatz für Sozialkontakte.

1.1.2. Biologische Hintergründe – warum Wölfe heulen

Kontaktheulen im Auto. Obwohl ein vertrauter Artgenosse dabei ist, versucht dieser Hund, seinen Besitzer durch Kontaktheulen zurückzurufen.

Wölfe heulen, wenn sie den Kontakt zum Rudel verloren haben, um sich auf Distanz zu verständigen und wieder zu finden. Neben diesem Kontaktheulen einsamer Wölfe gibt es das so genannte Chorheulen. Dabei heult das ganze Rudel zusammen, um sich auf gemeinsame Aktivitäten einzustimmen. Das Chorheulen ist eine gesellige Verhaltensweise und wird beispielsweise vor dem Aufbruch zu einem Jagdausflug gezeigt. Auch einige Haushunde zeigen das Chorheulen noch und lassen sich durch Kirchenglocken, Martinshörner oder Hausmusikabende dazu animieren. Viel häufiger hört man allerdings bei alleine gelassenen Hunden das Kontaktheulen, mit dem sie versuchen, ihre Besitzer zurückzurufen.

1.2. Veränderung durch Haustierwerdung

passung an das Leben im Mehrfamilienhaus mit papierdünnen Wänden oder an die moderne Reihenhaussiedlung wird erst langsam von den Züchtern in Angriff genommen.

1.2.1. Menschenbezug als Zuchtziel der Hundezucht?

Seit tausenden von Jahren war und ist eines der wichtigsten Kriterien für das Überleben und die Zuchtauswahl von Hunden ihre Bindungsfähigkeit an den Menschen. Natürlich gibt es da erhebliche Unterschiede bei den

Die angeborene Bereitschaft zur Bindung an den Menschen und positive Menschenkontakte während der Sozialisationsphase schaffen die Voraussetzung für eine vertrauensvolle Beziehung.

Natürlich sind unsere Haushunde heute keine Wölfe mehr. Auch wenn einige grundlegende Verhaltensmuster die Gleichen sind, hat sich der Hund im Laufe seiner Domestikation (d.h. Haustierwerdung) perfekt an das Zusammenleben mit dem Menschen angepasst. Einige wölfische Verhaltensmuster sind ganz verschwunden, andere deutlich reduziert, wieder andere teilweise extrem verstärkt worden. Dazu gehört auch das Bellen, das Wölfe nur in ganz bestimmten Situationen als Alarmbellen zeigen. Für einige Hunderassen war die Fähigkeit, gerne, viel und ausdauernd zu bellen, ein entscheidender Faktor für die Zucht. Für eine Reihe von insbesondere Jagd- und Hütehunderassen gilt das auch heute noch. Wenn Sie sich also beispielsweise für einen Terrier, Dackel, Spitz oder Schäferhund entscheiden, sollten Sie sich nachher nicht beschweren, dass er so ein »loses Mundwerk« hat. Die diesbezügliche An-

verschiedenen Rassen bzw. Nutzungstypen und auch innerhalb einer Rasse, ja sogar innerhalb eines Wurfes, gibt es anhänglichere und unabhängigere Hunde. Trotzdem ist die angeborene Bereitschaft und Fähigkeit, eine enge Bindung zum Menschen aufzubauen, die Voraussetzung für jede Nutzung von Hunden. Das gilt nicht nur für die so genannten Schoßhunde, deren einzige Aufgabe schon immer darin bestand, Freund und Begleiter und – in Zeiten ohne Zentralheizung – auch Bettwärmer des Menschen zu sein. Hätten unsere

Apportierhunde, wie diese Labrador Retriever, wären ohne enge Menschenbindung nicht für die Jagd einsetzbar.

Kontaktliegen fördert die Bindung, nicht nur unter Artgenossen.

Hunde keine enge Menschenbindung, müsste jeder, der einen Hund erziehen will, die Fähigkeiten eines guten Dompteurs haben. Ein Hütehund oder Jagdhund ohne enge Bindung an den Menschen, wäre für seine Aufgabe unbrauchbar. Er würde wohl Tiere zusammentreiben, ihren Fährten folgen, sie aufstöbern oder reißen, aber welches Interesse könnte er haben, den Erfolg seiner Arbeit mit dem Menschen zu teilen? Ein Wachhund könnte zwar ohne Menschenbindung ein Gelände bewachen, aber wer, außer dem Hund, könnte das Gelände dann noch betreten?

Die Bereitschaft des Hundes, nicht nur mit Artgenossen, sondern auch mit Menschen eine Beziehung aufzubauen, ist die Basis für den Einsatz als Sport- und Schutzhund, Blindenführhund oder Rettungshund. In den meisten Fällen ist eine allzu enge Bindung an andere Hunde der Nutzung durch den Menschen sogar eher hinderlich.

Natürlich gibt es Hunderassen, für deren ursprünglichen Nutzungszweck selbstständiges Arbeiten und eine dementsprechend große Unabhängigkeit vom Menschen notwendig ist, wie z.B. Terrier oder Herdenschutzhunde. Aber auch bei diesen Rassen haben auf Dauer nur diejenigen überlebt, die ein gewisses Minimum an Bindung an den Menschen hatten.

1.2.2. Haushunde brauchen nicht nur ihr Hunderudel, für einige ist der Mensch der wichtigere Sozialpartner

Für viele Hunde ist die Beziehung zum Menschen inzwischen sogar wichtiger, als die

Obwohl der Mensch noch weit entfernt ist, unterbricht dieser Collie das Spiel mit seinem Artgenossen und beobachtet erwartungsvoll die näher kommende Person.

Selbst wenn Hunde sich gut verstehen, ist der Mensch als Sozialpartner manchmal wichtiger...

Bindung an Artgenossen. Dies ist nicht nur eine Frage der Haltung und Erziehung. Untersuchungen von Dr. med. vet. Dorit Feddersen-Petersen am Institut für Haustierbiologie in Kiel haben z.B. gezeigt, dass Pudel, obwohl sie in einem Hunderudel lebten und aufgewachsen waren, Menschenkontakte den Hundekontakten vorzogen. Dies ist eine durchaus logische Folge jahrtausendelanger menschlicher Zuchtwahl. Das Gute daran ist, dass für die meisten Hunde der Mensch als Sozialpartner ein in weiten Bereichen akzeptabler Ersatz für das Zusammenleben mit Artgenossen ist und wir Hunde deshalb guten Gewissens als Einzeltiere halten können. Der Nachteil ist, dass es eine Menge Hunde gibt, die sich auch in einer Gruppe mit vertrauten anderen Hunden nicht wohl fühlen, wenn kein Mensch dabei ist.

1.2.3. Alltagssituation: Warum muss der Hund von heute lernen, zeitweise alleine zu sein?

Im Leben der meisten Hundebesitzer gibt es immer wieder Situationen, in denen der Hund nicht dabei sein kann. Nur wenige haben die Möglichkeit, den Hund bei der Arbeit ständig dabei haben zu können. Beim Einkauf im Lebensmittelgeschäft oder beim Arztbesuch kann der Hund nicht mit. Kinos, Theater, Museen, Bibliotheken, Schwimmbäder – alles Orte, an denen Hunde in der Regel nicht erlaubt sind. Wer im Urlaub gerne Fernreisen macht, kann den Hund nicht immer mitnehmen. Deswegen sollten Hunde zumindest lernen, auch mal für ein paar Stunden alleine zurechtzukommen.

Schoßhund zu sein bedeutet nicht, dass man keine enge Bindung zu anderen Hunden haben kann. Wenn man sich gut versteht, gibt Kontaktliegen auch erwachsenen Hunden ein Gefühl von Sicherheit.

Selbst in die Tierfutter-Handlung darf der Hund nicht immer mit hinein. Auch das ruhige Warten vor der Tür muss geübt werden.

1.3. Probleme vermeiden durch Überlegungen vor der Anschaffung

Viele Probleme, die sich mit der Hundehaltung im Allgemeinen und dem Alleinebleiben im Speziellen ergeben können, sind durch sorgfältige Überlegungen vor dem Kauf vermeidbar. Da dieses Buch von der Problematik des Alleinebleibens handelt, werden wir uns hier nur mit den Fragen beschäftigen, die in Hinsicht auf dieses Thema von Bedeutung sind.

Die ersten und wichtigsten Fragen:

● Ist bei Ihnen immer jemand zu Hause, der sich um den Hund kümmern kann?

● Wenn nicht, ab wann, wie lange und wie oft soll der Hund alleine bleiben?

● Haben Sie vor, den Hund mit zur Arbeit zu nehmen?

● Wollen Sie sich einen Welpen oder einen erwachsenen Hund anschaffen?

● Führen Sie ein sehr regelmäßiges Leben oder ändert sich Ihr Tagesablauf ständig?

● Wollen Sie Ihren Urlaub künftig mit dem Hund verbringen oder haben Sie vor, ihn in dieser Zeit anderweitig betreuen zu lassen?

● Wie viel Zeit können und wollen Sie täglich mit dem Hund verbringen und wie viel von dieser Zeit ist ausschließlich dem Hund gewidmet?

Wenn Sie die erste Frage mit »ja« beantwortet haben, haben Sie – zumindest, was das Thema »stressfreies Alleinebleiben« angeht – die besten Voraussetzungen für die Anschaffung eines Hundes. Sie können zielstrebig, aber ohne zeitlichen Druck an das Training herangehen. Ist Ihre Antwort auf die erste Frage ein »Nein«, wird die Sache schon etwas komplizierter.

Sie sollten auf jeden Fall den größten Teil ihres Jahresurlaubs für die ersten Wochen der Eingewöhnung des Hundes einplanen. Auch wenn Sie den Hund zur Arbeit mitnehmen können, brauchen Sie Zeit, ihn daran zu gewöhnen, damit Sie sich dann dort tatsächlich Ihrer Arbeit widmen können. Wenn der Hund nach dem Eingewöhnungsurlaub gleich mehr als eine oder zwei Stunden am Tag alleine bleiben muss, sollten Sie sich keinen Welpen anschaffen. Selbst diese ein bis zwei Stunden könnten im Einzelfall ein Problem werden, sind aber meistens mit etwas Voraussicht und Planung hinzukriegen. Einen erwachsenen Hund können Sie bei sorgfältiger Vorbereitung auch länger alleine lassen. Das wird allerdings nur funktionieren, wenn der Hund vorher kein Problem mit dem Alleinebleiben hatte und sich mindestens vier Wochen in sein neues Leben bei Ihnen eingewöhnen konnte.

Wenn Ihr Leben in sehr regelmäßigen Bahnen verläuft und Ihr Hund in einen festen Zeitplan eingebunden wird, werden Sie es leichter haben, ihn ans Alleinebleiben zu gewöhnen, als Menschen mit sehr unregelmäßigem Tagesablauf. Wenn Sie auch ohne Hund verreisen möchten, müssen Sie ihn rechtzeitig daran gewöhnen, in einer Tierpension oder bei anderen Betreuungspersonen zu bleiben. Sind Sie viel unterwegs und wollen den Hund möglichst immer dabei haben? Dann sollten Sie sich

Wer viel reist und den Hund dabei mitnehmen möchte, ist mit einer kleinen Rasse meist besser bedient.

eher für eine kleine Rasse entscheiden. Wenn er öfter mit Ihnen fliegen soll, sollte er klein und leicht genug sein, um mit Ihnen in der Kabine reisen zu dürfen. Aber auch in Hotels und Gaststätten und bei vielen Bekannten und Verwandten sind Sie mit einem kleineren Hund eher willkommen, als mit einem großen.

1.3.1. Gibt es bestimmte Rassen, die besser alleine bleiben können als andere?

Leider gibt es keine Hunderasse, die man grundsätzlich besser alleine lassen kann, als andere. Auch die Wahl einer unabhängigeren Rasse garantiert keineswegs ein problemloses Alleinebleiben, bringt aber häufig mehr Probleme in anderen Bereichen mit sich. Rassen, die sehr aktiv bzw. reaktiv sind und solche, die eine Neigung zu nervösem oder ängstlichem Verhalten haben, haben insgesamt mehr Probleme mit ruhigem und entspanntem Verhalten und tendieren eher zu stressbedingten Verhaltensproblemen. Individuelle Eigenschaften, Aufzucht, Haltung und Umgang mit dem Hund, spielen aber eine wesentlich größere Rolle dabei, ob es mit dem Alleinebleiben klappt oder nicht, als die Rassezugehörigkeit. Das größte Risiko gehen Sie ein, wenn Sie sich einen Hund anschaffen, von dem bekannt ist, dass er bei den Vorbesitzern Probleme beim Alleinebleiben hatte oder dass er schon mehrere Besitzerwechsel oder ein traumatisches Trennungserlebnis hinter sich hat.

1.3.2. Sind wir geeignete Hundebesitzer?

Sie müssen nicht 24 Stunden am Tag für den Hund da sein, um ein guter Hundebesitzer zu sein. Sie sollten aber bedenken, dass die vernünftige Aufzucht und Erziehung eines Welpen in den ersten Monaten fast ein Vollzeitjob ist. Vielleicht kennen Sie Menschen, die täglich acht oder zehn Stunden außer Haus verbringen und einen Hund haben, der scheinbar problemlos damit klarkommt, so lange alleine zu sein. Das gibt es, aber es ist nicht nachahmenswert. Es gibt keine feste Regel, wie lange und wie oft man einen Hund alleine lassen darf. Wenn Sie darüber nachdenken, sich einen Hund anzuschaffen, vergessen Sie nicht, dass Hunde soziale Lebewesen sind. Verantwortliche Hundehaltung heißt nicht nur regelmäßig füttern und zum Tierarzt gehen. Ein Hund braucht ausreichend Bewegung und regelmäßige geistige Beschäftigung und er braucht vor allem das Leben in seiner sozialen Gruppe. Es ist nichts dagegen einzuwenden, einen Hund nach entsprechender Gewöhnung für einige Stunden allein zu Hause zu lassen oder im Zwinger unterzubringen. Aber wenn Sie auf Dauer täglich acht Stunden oder länger außer Haus sind, sollten Sie sich keinen Hund anschaffen.

 Manchmal ist die Entscheidung, keinen Hund zu halten, der größte Beweis der Liebe zum Tier.

Ein tägliches Alleinsein von sechs bis acht Stunden ist aus meiner Sicht grenzwertig, kann aber akzeptabel sein, wenn der Hund die restliche Zeit inklusive der Nachtstunden mit Ihnen zusammen sein kann. Erfahrungsgemäß verbringen berufstätige Hundebesitzer oft mehr qualitativ hochwertige Zeit mit ihrem Hund, als nicht berufstätige. Sie versuchen so, einen Ausgleich für die Zeit des Alleinseins zu schaffen und ihr – zumindest unterschwellig vorhandenes – schlechtes Gewissen zu beruhigen.

Bis zu sechs Stunden täglichen Alleinseins sind aus Sicht der meisten Experten ein akzeptabler Kompromiss zwischen den Bedürfnissen des Hundes und denen seines Besitzers. Allerdings gilt das nur, wenn der Hund stressfrei alleine bleiben kann und seine Bedürfnisse nach artgemäßer Beschäftigung und Sozialkontakt in der übrigen Zeit ausreichend befriedigt werden.

Vielleicht haben Sie bereits einen Hund, den Sie mehrere Stunden täglich alleine lassen müssen und der damit Probleme hat. Das bedeutet nicht zwangsläufig, dass Sie Ihren Job kündigen oder den Hund abgeben müssen, um kein Tierquäler zu sein. Wenn Sie bereit sind, die notwendige Zeit und Mühe aufzubringen, bestehen gute Aussichten, dass Ihr Hund lernen kann, die Zeit Ihrer Abwesenheit ohne Stress zu überstehen. Im Einzelfall brauchen Sie dabei vielleicht professionelle Hilfe. Für die Fälle, wo auch das nicht funktioniert, gibt es im fünften Kapitel noch ein paar alternative Lösungsansätze.

Alleinebleiben kann man lernen

Fast jeder Hund kann lernen, stressfrei alleine zu bleiben. Allerdings müssen es die meisten Hunde auch erst lernen, d.h. es funktioniert nicht einfach irgendwann von alleine. Die Grundlage dafür kann schon beim Züchter gelegt werden. Untersuchungen haben gezeigt, dass Welpen, die schon in der Wurfgeschwistergruppe häufige kurze Trennungen von der Mutter und menschlichen Bezugspersonen erlebt hatten, später kaum Probleme mit dem Alleinebleiben hatten. Welpen, die beim Züchter nur wenige lange Trennungen erlebt hatten, entwickelten deutlich mehr Trennungsangstprobleme.

2.1. Gute Bedingungen fürs Alleinebleiben schaffen

Bevor Sie damit beginnen, das Alleinebleiben mit Ihrem Hund zu üben, müssen Sie sicherstellen, dass die dafür notwendigen Voraussetzungen erfüllt sind. Um stressfrei alleine zu bleiben, muss Ihr Hund sich wohl fühlen. Seine Grundbedürfnisse müssen erfüllt sein und er muss sich sicher fühlen. Die ersten Übungen zum Alleinebleiben sollten Sie also zu Zeiten machen, in denen der Hund satt, ausgetobt und müde ist. Mit der Erfüllung seiner Grundbedürfnisse ist allerdings nur die erste Hälfte der Voraussetzungen erfüllt. Die zweite, für viele Hunde sogar noch wichtigere Voraussetzung, ist das Gefühl von Sicherheit. Deswegen sollten Sie das Alleinebleiben anfangs nur in vertrauter Umgebung üben.

Wenn der Hund gerade erst bei Ihnen eingezogen ist, braucht er Zeit, um sich einzugewöhnen. Es gibt Hunde, bei denen dauert die Eingewöhnung zwei Stunden. Dann haben sie ihre neue Heimstatt erkundet, alles ausgiebig untersucht und beschnüffelt, und ziehen sich für die nächsten Stunden zum Schlafen in eine ruhige Ecke abseits des Familientrubels zurück. Bei solchen Hunden kann man nach zwei bis drei Tagen mit dem Training beginnen. Sie sind allerdings eher die Ausnahme. Normalerweise dauert es einige Wochen, bei älteren Hunden oder solchen mit einer sehr ungünstigen Vorgeschichte auch manchmal mehrere Monate, bis sie sich in einer neuen Umgebung wirklich sicher fühlen. Bei den meisten Welpen, aber auch bei vielen erwachsenen Hunden aus zweiter Hand, können wir in diesem Zusammenhang ein Phänomen beobachten, das das Alleinbleibe-Training erheblich erschwert:

2.1.1. Sicherheitsfaktor Mensch

Für diese Hunde ist der Mensch nicht nur **ein**, sondern **der entscheidende**, manchmal sogar der einzige Sicherheitsfaktor. Sie fühlen sich also nur sicher, wenn ein Mensch anwesend ist. In manchen Fällen muss es sogar eine ganz bestimmte Person sein. Eigentlich ist diese Verknüpfung in vielen Lebenssituationen für den Hund und seinen Besitzer durchaus sinnvoll und nützlich. Wenn der Hund sich beim

Satt, ausgetobt und müde – die besten Voraussetzungen für eine Übung zum Alleinebleiben.

Spaziergang erschreckt, ist es in der Regel viel besser, wenn er sich zu seinem Besitzer flüchtet, als einfach nach Hause zu laufen oder gar in panischer Angst völlig kopflos davonzurennen. Je enger die Bindung des Hundes an Menschen im Allgemeinen oder an eine bestimmte Bezugsperson im Besonderen ist, desto größer ist die Wahrscheinlichkeit, dass die Anwesenheit eines (bestimmten) Menschen für das Sicherheitsempfinden dieses Hundes von Bedeutung ist.

Der Mensch als Sicherheitsfaktor und Schutzgeber wird gelernt. Dieser Lernprozess findet meistens im Welpenalter statt. Teilweise bereits beim Züchter, insbesondere, wenn dieser sich schon frühzeitig um eine gute Sozialisation seiner Welpen mit Menschen bemüht. Für viele Welpen entsteht die Verknüpfung, dass die Nähe des Menschen Sicherheit bedeutet, spätestens auf der Fahrt vom Züchter in ihr neues Zuhause. Die Person, auf deren Schoß oder zu deren Füßen er die aufregende und

Der Mensch als Sicherheitsfaktor wird meist früh gelernt.

26

Wenn der Hund sich regelmäßig freiwillig zum Schlafen in sein Körbchen zurückzieht, kann das Training des Alleineblei-bens beginnen.

oft auch ein wenig Furcht einflößende Reise verbringt, ist zunächst – und häufig lebens-lang – die wichtigste Bezugsperson für den Hund. Bei diesem Menschen wird er sich auch immer sicher fühlen. Es ist also grundsätzlich wünschenswert, dass der Hund seinen Besitzer als Sicherheitsfaktor betrachtet. Ein Problem im Hinblick auf das Alleinebleiben entsteht erst, wenn das Sicherheitsgefühl des Hundes ausschließlich von der Anwesenheit von Men-schen – im schlimmsten Fall sogar ausschließ-lich von der Anwesenheit einer einzigen Per-son – abhängig ist.

Unmittelbar nach der Übernahme eines Hundes, vor allem, wenn es sich um einen Welpen handelt, ist dies sozusagen der Nor-malzustand. Insbesondere, wenn die neuen Le-

bensumstände völlig anders sind, als das, was der Hund bis dahin kennen gelernt hat. Ge-nau wie ein Kleinkind, wird er Ihnen zunächst ständig am Rockzipfel hängen. Im Laufe der Eingewöhnung sollte diese Abhängigkeit aber nachlassen und der Hund sollte zunehmend unabhängiger werden. Erst wenn der Hund sich, während Sie zu Hause sind, regelmäßig zum Schlafen oder für andere Aktivitäten in einen anderen Raum zurückzieht, bzw. frei-willig in einem Raum bleibt, wenn Sie sich in der Wohnung bewegen, können Sie mit dem Training des Alleinebleibens beginnen.

Wenn Ihr Hund Ihnen in der Wohnung stän-dig folgt, wenn Sie vielleicht noch nicht einmal ohne ihn auf die Toilette gehen können, wenn er sofort aufspringt und hinter Ihnen herläuft,

Lassen Sie Ihren Welpen nur mit angemessenen Kauartikeln alleine.

ist es zunächst ganz normal, dass sie ständig in der Nähe ihrer Besitzer sein wollen und in Panik geraten, wenn diese außer Sicht verschwinden. Deswegen sollten Sie den Alltag mit Ihrem Hundekind so organisieren, dass es anfangs nie alleine sein muss. Nachts sollte der Welpe zunächst neben Ihrem Bett schlafen. In einer Transportkiste aus Plastik oder einem Zimmerkäfig aus Draht, ist er am sichersten untergebracht. Notfalls tut es auch ein Pappkarton, der so hoch ist, dass der Welpe ihn nicht selbstständig verlassen kann. Auf diese Weise können Sie, falls der kleine Hund wach wird und anfängt zu weinen, weil er sich alleine fühlt, einfach die Hand aus dem Bett hängen lassen, um Kontakt aufzunehmen. Innerhalb kurzer Zeit wird der Welpe sich beruhigen und wieder einschlafen. Sollte er wach werden, da er muss, wird er sich bemerkbar machen, weil er seinen Schlafplatz nicht beschmutzen will. Das erleichtert das Stubenreinheitstraining erheblich.

wenn Sie von einem Raum in einen anderen gehen, dann müssen Sie diese übermäßige Abhängigkeit abbauen, bevor Sie daran denken können, den Hund auch mal alleine zu lassen. Was Sie bei diesem Abnabelungsprozess beachten müssen, wird in dem Abschnitt 2.2. beschrieben. Das Vorgehen ist bei einem älteren Hund, der Ihnen ständig am Rockzipfel hängt, prinzipiell das Gleiche, wie bei einem Welpen oder Junghund.

2.1.2. Besonderheiten beim Welpen und Junghund

Für Welpen (Geburt bis 12. Lebenswoche) und Junghunde (13. Lebenswoche bis zur Pubertät)

Wichtig:

→ Wenn Sie den Hund nicht auf Dauer in Ihrem Schlafzimmer haben möchten, können Sie ihn, sobald er stubenrein ist, schrittweise mitsamt seiner Schlafbox aus dem Schlafzimmer hinausrücken. Dazu setzen Sie die Box einfach jeden Tag ein paar Zentimeter weiter, bis sie aus dem Schlafzimmer hinausgewandert, bzw. an dem gewünschten Schlafplatz angekommen ist.

Im Gegensatz zum Pappkarton haben die Kiste oder der Käfig den Vorteil, dass der Hund hinausgucken kann. Man kann sie daher auch benutzen, wenn der Hund tagsüber für kurze Zeit sicher untergebracht werden soll. Beispielsweise wenn Sie ihn nicht überwachen können, weil Sie ein wichtiges Telefonat führen oder sich auf eine andere Arbeit konzentrieren müssen. So eine Hundebox hilft nicht nur beim Sauberkeitstraining. Junghunde neigen dazu, während des Zahnwechsels und beim Schieben der letzten Backenzähne alles anzukauen, was auch nur halbwegs in ihre Schnauze passt. Lässt man sie unbeaufsichtigt, können sie in kurzer Zeit erheblichen Schaden anrichten. Dabei leidet nicht nur die Wohnungseinrichtung. Hunde, die Elektrokabel zerbeißen oder Teile von zerkautem Spielzeug oder scharfkantigen Plastikteilen verschlucken, können sich auch selber erheblichen Schaden zufügen. Lassen Sie Ihren Junghund nur mit angemessenen Kauartikeln alleine und sichern Sie alle gefährlichen oder wertvollen Einrichtungsgegenstände. Auch hier kann ein Zimmerkäfig eine unschätzbare Hilfe sein. Mit der Zeit wird daraus ein Sicherheitsplatz für den Hund, der auch auf Reisen dafür sorgt, dass der Hund immer sein Stückchen Zuhause bei sich haben kann. Die genaue Anleitung zum Aufbau eines Sicherheitsplatzes finden Sie auf Seite 38ff.

Tagsüber sollten Sie Ihrem Welpen zunächst gestatten, Ihnen auf Schritt und Tritt zu folgen, wenn er das möchte. Allerdings sollten Sie ihn dabei nicht ständig beachten. Das ist manchmal leichter gesagt als getan, denn Sie müssen ihn schließlich beobachten, um rechtzeitig zu sehen, wann es Zeit wird, ihn vor die

Alles wird mit den Zähnen erkundet. Dabei können Welpen sich selbst und der Wohnungseinrichtung erheblichen Schaden zufügen, wenn man sie nicht konsequent überwacht.

Ein Zimmerkäfig kann manches Unheil verhindern ...

... über Spielzeug und Futter wird der Käfig zunächst bei offener Tür zum gern aufgesuchten Sicherheitsplatz.

Tür zu tragen, damit er sein Geschäft draußen erledigen kann. Außerdem hat so ein kleiner Hund viele putzige Einfälle, über die wir uns amüsieren oder auch ärgern können und die manchmal unser Eingreifen erforderlich machen. Sie sollten aber vermeiden, dem Hund das Gefühl zu geben, dass Sie es toll finden, wenn er ständig in Ihrem Fahrwasser kreuzt. Beschäftigen Sie sich zeitweise ganz gezielt mit ihm, vergessen Sie aber nicht, zwischendurch auch einfach Ihr Leben zu leben. Dabei darf er anwesend sein, aber er steht nicht im Mittelpunkt. Wenn der Hund, während Sie zu Hause sind, ständig Ihre Aufmerksamkeit auf sich lenken kann, wenn ihm danach ist, wie soll er jemals zurechtkommen, wenn niemand da ist, der ihn beachten könnte? Erst, wenn er gelernt hat, dass es manchmal total langweilig ist, hinter Ihnen her zu trotten und dass man

genauso gut einen Mittagsschlaf halten oder in seine Kiste gehen und dort einen schönen Kauknochen benagen kann, können Sie über weitere Übungsschritte nachdenken.

Nicht beachten bzw. ignorieren des Hundes bedeutet:

➡ Nicht ansehen!

➡ Nicht anfassen!

➡ Nicht ansprechen!

➡ Aber auch nicht lachen, nicht seufzen, keine Augenbraue hochziehen, ...

Wenn die Menschen total langweilig sind, kann man genausogut ein Mittagsschläfchen auf der Kuscheldecke machen.

2.2. Übungen, die die Selbstständigkeit fördern

Eine wichtige Vorübung für das spätere Alleinebleiben ist das »hinaus«. »Hinaus« bedeutet: Begib Dich unverzüglich auf die andere Seite der Türschwelle und bleibe dort, bis Dir etwas anderes gesagt wird.

Sie können natürlich auch irgendein anderes Wort benutzen. Das einfachere »raus« wird im Alltag leider viel zu häufig in anderem Zusammenhang verwendet (wir gehen raus, lass mal den Hund raus usw.) und ist daher ungünstig, aber vielleicht gefällt Ihnen das englische »out« besser.

Der Hund soll also, wenn er das Wort »hinaus« hört, den Raum verlassen, in dem er sich gerade befindet. Was er außerhalb dieses Raumes tut, ist (innerhalb des normalerweise Erlaubten) vollkommen egal. Es interessiert uns nicht. Er kann in sein Körbchen gehen, mit der Katze spielen oder zwei Stunden vor der Türschwelle liegen und traurig gucken. Er darf nur nicht wieder über die Schwelle treten, wenn Sie es ihm nicht ausdrücklich gestattet haben. Diese Erlaubnis können Sie erteilen, indem Sie ihn wieder hereinrufen oder indem Sie den Raum verlassen. Wenn Sie für andere Situationen schon ein »Übung-beendet«-Signal (Freizeitsignal) eingeführt haben, können Sie auch das benutzen.

Übungsaufbau:

Fangen Sie die Übung in einem Raum an. Wählen Sie dafür einen Raum, in dem Sie sich oft für längere Zeit aufhalten. Küche, Arbeitszimmer oder Wohnzimmer sind für den Anfang besser geeignet als Toilette oder Schlafzimmer. Sprechen Sie Ihren Hund mit seinem Namen an, um seine Aufmerksamkeit zu bekommen und ihn darauf vorzubereiten, dass etwas für ihn Interessantes folgt. Dann sagen Sie freundlich zu ihm »hinaus«, deuten mit der rechten Hand Richtung Tür und gehen anschließend mit ihm gemeinsam durch die Tür. Achten Sie dabei auf eine aufrechte Körperhaltung. Beugen Sie sich nicht über Ihren Hund, und starren Sie ihn nicht an, während Sie »hinaus« sagen und zur Tür deuten, Ihr Hund könnte sich dadurch bedroht fühlen. Sobald der Hund auf der anderen Seite der Türschwelle angekommen ist, loben Sie ihn und geben ihm eine kleine Futterbelohnung.

Dieser Hund kennt das Kommando »hinaus« mittlerweile. Er bleibt im Flur vor der Türschwelle zum Schlafzimmer brav liegen.

Kleiner Ausflug ins Lernverhalten

Verhalten orientiert sich an seinen Konsequenzen, d.h. ein Verhalten, das sich für den Hund lohnt, weil es positive Folgen hat (z.B. Futter, Zuwendung vom Besitzer), wird öfter gezeigt. Ein Verhalten, das negative Folgen hat (Enttäuschung, weil erhofftes Futter verschwindet oder Besitzer sich abwendet, Angst oder Schmerz auslösende Erfahrung) wird zukünftig seltener gezeigt. Allerdings müssen die Konsequenzen unmittelbar im Anschluss (0,5 bis 1 Sekunde) an das Verhalten kommen, damit der Hund die Verknüpfung machen kann. Die gleiche kurze Verknüpfungszeit gilt auch für die Signalverknüpfung. Damit der Hund das Signal »hinaus« mit dem gewünschten Verhalten verknüpfen kann, müssen Sie das Wort sagen, unmittelbar (0,5 bis 1 Sekunde) bevor er die Türschwelle übertritt. Da wir aber keine Möglichkeit haben, exakt vorherzusehen, wann er das tun wird, trainieren wir zunächst eine Signalkette. Diese Kette besteht aus einer Reihe unmittelbar aufeinander folgender Signale und endet, wenn der Hund das gewünschte Verhalten gezeigt hat. Um das für uns entscheidende Signal, nämlich das Wort »hinaus«, herauszufiltern, müssen wir später die Hilfssignale wieder abbauen. Der vollständige, korrekte Ablauf der Übung sieht also anfangs folgendermaßen aus: Sie sagen »hinaus«, zeigen unmittelbar anschließend mit der rechten Hand Richtung Tür und gehen dann hinaus. Der Hund folgt Ihnen. Sobald der Hund die Türschwelle mit allen vier Pfoten überschritten hat, loben Sie ihn und geben ihm das Futterhäppchen.

Diese Reihenfolge ist sehr wichtig. Wenn Sie gleichzeitig zur Tür deuten und »hinaus« sagen, wird das für den Hund biologisch wichtigere Körpersprachensignal das Wort überschatten. Er kann das Wort dann nicht lernen. Das gleiche Problem bekommen Sie, wenn Sie Richtung Tür loslaufen und erst beim Laufen »hinaus« sagen. Ihre Bewegung ist dann für den Hund wichtiger, als das Wort. Also noch mal: Erst »hinaus« sagen, dann mit der rechten Hand Richtung Tür zeigen, dann losgehen. Sobald der Hund auf der anderen Seite der Türschwelle angekommen ist, loben und belohnen. Üben Sie ruhig ein paar Mal ohne Hund, bis Sie sich den Ablauf gut eingeprägt haben.

Belohnen, nicht locken

Da diese Übung für Hunde gedacht ist, die ihrem Besitzer sowieso auf Schritt und Tritt folgen, ist es nicht sinnvoll, den Hund mit Futter in der Hand aus dem Raum zu locken. Er wird Ihnen folgen, weil er Sie nicht aus den Augen verlieren möchte. Die Futterbelohnung holen Sie erst unmittelbar, nachdem Sie ihn für das Überschreiten der Türschwelle gelobt haben, aus der Tasche. Dafür benutzen Sie am besten eine Futtertasche, die man an den Gürtel bzw. Hosenbund hängen kann. Wenn Sie erst eine halbe Minute in Ihrer Hosentasche nach dem Leckerchen suchen müssen, stimmt das Timing für die Belohnung nicht mehr.

Gehen Sie nach der Belohnung in den Raum zurück, ohne den Hund dabei zu beachten. Vermutlich wird Ihr Hund nun ebenfalls wieder hineinlaufen. Sagen Sie einfach wieder »hinaus«, geben das Handzeichen und führen ihn aus dem Raum. Dort loben Sie ihn, geben aber keine Futterbelohnung. Wir wollen ja nicht, dass der Hund lernt, dass er nur wieder reinkommen muss, um das nächste Häppchen zu kriegen. Gehen Sie dann zurück in den Raum. Wenn der Hund wieder hinterherkommt, führen Sie ihn einfach wieder mit »hinaus« vor die Tür. Dieses Spielchen werden Sie bei den ersten Übungen häufiger wiederholen müssen.

Wichtig ist, dass Sie dabei nicht ungeduldig oder ärgerlich werden. Der Hund weiß ja noch nicht, was Sie von ihm wollen und das Wort »hinaus« hat noch keine Bedeutung für ihn. Damit er es lernen kann, müssen Sie ihn einfach einmal mehr rausführen, als er wieder reinkommt. Wenn er 20 Mal wieder hinter Ihnen den Raum betritt, müssen Sie ihn eben 21 Mal wieder rausbringen. Die erste Übungseinheit ist erfolgreich abgeschlossen, wenn der Hund mindestens drei Sekunden (zählen Sie im Kopf 21, 22, 23, 24) außerhalb des Raumes bleibt, nachdem Sie wieder reingegangen sind. Loben Sie ihn sofort dafür, rufen ihn wieder zu sich und geben ihm eine Futterbelohnung. Auf diese Weise belohnen Sie das Draußenbleiben mit dem Wieder-zu-Ihnen-kommen-Dürfen und verstärken gleichzeitig den Rückruf durch die Futterbelohnung.

Falls der Hund sich nach dem wiederholten Hinausbringen nicht gleich wieder über die Schwelle traut, können Sie das Futter hier auch zusätzlich als Lockmittel einsetzen. Wir wollen dem Hund ja nicht beibringen, den Raum grundsätzlich nicht zu betreten. Er soll nur rausgehen, wenn Sie es ihm sagen und erst nach Aufhebung der Übung wieder reinkommen.

Als Futterbelohnung benutzen Sie am besten das normale Trockenfutter Ihres Hundes. Die Belohnung sollte, besonders bei stark durch Futter motivierten Hunden, nicht zu attraktiv sein. Überdurchschnittlich leckeres Futter führt zu hohen Erregungslagen und angespanntem Warten auf die nächste Belohnung. Wir wollen aber einen Hund, der mit der Zeit ganz entspannt jenseits der Türschwelle bleiben kann. Wählen Sie also eine Futterbelohnung, die Ihren Hund zwar erfreut, aber nicht in wilde Begeisterung ausbrechen lässt. Wiederholen Sie die Übung in den nächsten Tagen so oft, bis Ihr Hund schon nach dem ersten »Hinaus« drei Sekunden draußen bleibt. Wenn Sie das drei Mal hintereinander geschafft haben, können Sie zur nächsten Trainingsstufe übergehen.

Der Hund soll jetzt lernen, auf das Wort »hinaus« den Raum zu verlassen, ohne, dass Sie ihn jedes Mal rausbringen müssen. Bisher sind Sie jedes Mal, nachdem Sie »hinaus« gesagt hatten, mit ihm zur Tür marschiert. Sein Signal für das Verlassen des Raumes ist also zu dem Zeitpunkt noch: Mein Besitzer sagt das Wort »hinaus«, zeigt dann mit der rechten Hand Richtung Tür und geht anschließend durch die Tür. Damit das Wort alleine zum Signal wird, müssen Sie jetzt anfangen, die körpersprachlichen Hilfssignale abzubauen.

Dafür gehen Sie folgendermaßen vor: Sagen Sie »hinaus«, deuten Sie dann mit der rechten

Hand zur Tür und gehen in Richtung Tür. Auf dem Weg holen Sie ein Futterhäppchen aus der Tasche und werfen es über die Schwelle. Benutzen Sie zum Werfen die rechte Hand und deuten damit noch einmal Richtung Tür bzw. jetzt Richtung des hinausgeworfenen Futters. Wenn der Hund hinter dem Futter her über die Schwelle läuft, loben Sie ihn und bleiben selber vor der Schwelle stehen. Falls er nicht von alleine hinausläuft, gehen Sie selber noch mal mit ihm raus und zeigen ihm das Futterhäppchen. Beim nächsten Durchgang sollte es schon klappen, dass er an Ihnen vorbeiläuft, um sein Leckerchen vor der Tür einzusammeln. Sonst müssen Sie es ihm noch ein paar Mal zeigen. Wenn Ihr Hund bei mindestens drei Übungsdurchgängen zuverlässig (d.h. neun- von zehnmal) hinter dem vorausfliegenden Leckerchen her ohne Sie über die Schwelle gelaufen ist, beginnt der nächste Trainingsschritt.

Diesmal tun Sie nur so, als ob Sie ein Leckerchen werfen würden. Läuft der Hund wie vorher über die Schwelle, loben Sie ihn und geben ihm eine ganze Handvoll Leckerchen auf seiner Seite der Schwelle. Wiederholen Sie diese Übung noch ein paar Mal, dabei wechseln Sie zwischen Durchgängen mit Leckerchen werfen und solchen, wo Sie das Werfen nur antäuschen ab. Immer wenn der Hund hinausläuft, obwohl kein Leckerchen geflogen ist, geben Sie mehr als ein Häppchen. Sollte er bei den angetäuschten Versuchen, wenn kein Futter fliegt, mehr als einmal nicht weiterlaufen, müssen Sie noch ein paar Durchgänge mit Futterwerfen machen und vielleicht etwas dichter an die Tür herangehen. Sobald Ihr Hund zuverlässig (d.h. es klappt bei neun von zehn Versuchen)

an Ihnen vorbei über die Schwelle läuft, ohne dass Sie Futter vorauswerfen müssen, reduzieren Sie die Zahl der Belohnungshäppchen nach und nach wieder auf eins und führen den nächsten Trainingsschritt ein.

Bisher sind Sie mit Ihrem Hund noch fast bis zur Türschwelle gelaufen. Jetzt bleiben Sie schon ein oder zwei Schritte vorher stehen und warten, bis der Hund den Raum verlassen hat. Er wird dann sofort gelobt und Sie werfen ihm ein Futterhäppchen zu. Wenn das klappt, verlängern Sie schrittweise den Abstand von der Türschwelle, bei dem Sie stehen bleiben. Der Ablauf bleibt ansonsten der Gleiche. Sie sagen »hinaus«, zeigen mit der rechten Hand Richtung Tür und setzen sich selber in Bewegung. Kurz bevor Sie stehen bleiben, deuten Sie noch einmal Richtung Tür. Sobald der Hund draußen ist, wird er gelobt und belohnt. Dabei gibt es die Belohnung immer außerhalb des Raumes. Sie verlängern den Abstand zur Tür immer mehr, bis Sie aus jeder Position im Raum nur noch »hinaus« sagen und Richtung Tür zeigen müssen, ohne selber einen Schritt zu machen.

Wenn Sie das Handzeichen »rechte Hand deutet zur Tür« auch noch abbauen wollen, gehen Sie folgendermaßen vor: Sagen Sie »hinaus« und warten dann eine halbe Sekunde (im Kopf »einundzwanzig« sagen), bevor Sie mit der rechten Hand Richtung Tür deuten. Anfangs sollten Sie nicht mehr als einen Schritt von der offenen Tür entfernt stehen. Loben und belohnen Sie den Hund, wenn er den Raum verlässt. Nach einigen Wiederholungen sollte der Hund anfangen, sich in Bewegung zu setzen, bevor

Sie das Handzeichen geben. Sobald er das tut, loben Sie ihn sofort (auch wenn er noch auf Ihrer Seite der Türschwelle ist) und werfen ein Leckerchen über die Schwelle. Sie können jetzt, nach dem Wort »hinaus«, auch eine ganze Sekunde warten (im Kopf »21 – 22« zählen), bis Sie mit dem Handzeichen nachhelfen. Sobald der Hund zuverlässig auf das Wort alleine hinausläuft, gehen Sie ein oder zwei Schritte von der Tür weg. Verändern Sie nun beim Üben Ihre Position im Raum und die Distanz zur Tür, bis Sie den Hund von jedem Punkt des Raumes aus alleine mit dem Wort hinausschicken können.

Loben Sie ihn immer, sobald er die Türschwelle überschritten hat. Dabei sollte die Futterbelohnung grundsätzlich außerhalb des Raumes gegeben werden. Wenn Sie nicht gut werfen können, gehen Sie nach dem Lob zügig zum Hund und geben ihm das Futter jenseits der Schwelle. Am besten geben Sie das Futter nicht aus der Hand, sondern legen es auf den Boden. Wenn Sie aus der Hand füttern, verstärken Sie das Interesse des Hundes in Ihrer Nähe zu bleiben, um vielleicht wieder etwas aus Ihrer Hand zu bekommen. Es ist nicht so schlimm, wenn er Ihnen nach dem Lobwort entgegenkommt. Achten Sie aber darauf, die Belohnung erst zu geben, wenn er mit Ihnen wieder auf der richtigen Seite der Türschwelle angekommen ist. Der Hund soll ja lernen, dass es sich lohnt, sich dort draußen aufzuhalten.

Während Sie die Hilfssignale abbauen, wird der Hund nach dem Überqueren der Schwelle eventuell nicht immer drei Sekunden außerhalb des Raumes bleiben. Das macht nichts. Sie können immer nur eine Sache auf einmal üben. Sobald der Hund auf Ihr Signal zuverlässig den Raum verlässt, können Sie anfangen, die Zeit, die er außerhalb des Raumes verbringt, zu verlängern. Anfangs können Sie ihm das Draußenbleiben erleichtern, indem Sie ihm zur Belohnung für das Hinausgehen eine ganze Hand voll Futter draußen großräumig verteilen. Je weiter Sie es verstreuen, desto länger braucht er, um alles aufzusammeln. Wenn er damit fertig ist, loben Sie ihn und werfen ihm wieder ein paar Bröckchen hinaus, bevor er auf die Idee kommt, wieder in den Raum zu kommen. Verlängern Sie nach und nach die Zeitspanne zwischen den Belohnungen. Achten Sie darauf, dass Sie ihn für das Draußenbleiben belohnen. Warten Sie nicht so lange, bis er wieder reinkommt. Falls es doch passiert, schicken Sie ihn wieder hinaus. Warten Sie danach mindestens drei Sekunden, bevor Sie ihn loben und belohnen. Sollte er vorher wieder über die Schwelle treten, schicken Sie ihn noch einmal hinaus.

Statt wiederholter einzelner Leckerchengaben können Sie das Draußenbleiben auch mit einem Kauartikel (Rinderhautknochen, Schweineohr, Pansenstück, gefüllter Kong usw.) oder einem Futterball üben. Das hat den Vorteil, dass Ihr Hund relativ lange damit beschäftigt sein dürfte. Außerdem können Sie diese Dinge schon vorher draußen platzieren, so dass der Hund sie »rein zufällig« findet, wenn er auf Ihre Aufforderung hin den Raum verlässt. Wenn Ihr Hund mit dem Kauteil dann unaufgefordert wieder in den Raum kommt, müssen Sie ihn konsequent wieder hinausschicken. Die leckeren Sachen gibt es bei dieser Übung nur außerhalb des Raumes. Vergessen Sie nicht, dem Hund eine Wasserschüssel auf seiner

Seite der Türschwelle hinzustellen. Er wird sonst früher oder später wieder reinkommen müssen, weil er Durst hat. Stellen Sie die Wasserschüssel ein Stück von der Übungstür entfernt auf. Alles, was den Hund motiviert, sich selbstständig von Ihnen zu entfernen, fördert den Abnabelungsprozess.

Das Idealziel der »Hinaus«-Übung ist, dass Ihr Hund, nachdem Sie ihn aus dem Raum geschickt haben, abzieht, um sich irgendwo anders zur Ruhe zu begeben oder sich anderweitig zu beschäftigen, ohne Unsinn zu machen. Wenn Sie mit einem Welpen üben, sollten Sie allerdings nicht zu lange warten, wenn er sich aus Ihrem Sichtfeld verdrückt. Folgen Sie ihm nach kurzer Zeit unauffällig und überprüfen Sie, was er tut. Es ist immer verdächtig, wenn Welpen oder kleine Kinder sich längere Zeit ohne uns ruhig beschäftigen. Falls Ihr Hund sich nicht freiwillig außer Sicht begibt oder dies in Ihrer Wohnung gar nicht machbar ist, ist die Übung erfolgreich abgeschlossen, wenn der Hund mindestens eine halbe Stunde entspannt außerhalb des Raumes bleiben kann.

Nun können Sie das Hinausschicken aus anderen Räumen üben. Da Hunde stark situationsbezogen lernen, fangen Sie anfangs bei jedem neuen Raum praktisch wieder von vorne an. Haben Sie zuerst geübt, den Hund aus der Küche hinauszuschicken und wollen jetzt das Bad in Angriff nehmen, müssen Sie ihn die ersten Male vielleicht wieder bis vor die Tür bringen. Er wird die einzelnen Übungsschritte aber schneller begreifen, als beim ersten Anlauf. Je mehr verschiedene Türschwellen Sie zum Üben benutzen, desto schneller wird Ihr

Hund das »Hinaus« aus allen möglichen Räumen beherrschen.

Achtung:

Achtung: Schließen Sie niemals die Tür zwischen sich und dem Hund, solange er nicht in der Lage ist, bei offener Tür mindestens eine halbe Stunde entspannt draußen zu bleiben. Wenn er in Panik gerät, weil er Sie nicht mehr sehen kann, machen Sie sich Ihren bisherigen Übungserfolg kaputt.

Neben dem »Hinaus« gibt es andere Übungen, die dazu beitragen, Selbstbewusstsein und Unabhängigkeit Ihres Hundes zu steigern. Beides ist bis zu einem gewissen Grad erforderlich, um später problemlos alleine bleiben zu können. Suchspiele, bei denen der Hund Futter oder Spielzeug in der Wohnung oder im Garten suchen darf, sind dafür gut geeignet. Diese Spiele müssen Sie zwar organisieren, indem Sie das Futter bzw. die Spielsachen verstecken, aber den eigentlichen Spaß bei der Sache hat Ihr Hund dann ohne Sie. Anfangs wird er vielleicht etwas Unterstützung brauchen, aber sobald er das Prinzip begriffen hat, können Sie ihn damit wunderbar beschäftigen – und zwar bevorzugt so, dass Sie sich nach dem Startsignal dabei gar nicht mehr in seiner Nähe aufhalten.

Sie müssen übrigens keine Angst haben, dass Ihr Hund durch die Futterbelohnungen oder Futtersuchspiele dick wird. Verwenden Sie ein-

Wenn Ihr Welpe den selbst erschnüffelten Kauknochen im Garten fressen kann, ohne an Ihrem Rockzipfel zu hängen, haben Sie ein wichtiges Zwischenziel erreicht.

fach seine Tagesration für das Training. Messen Sie die Portion ab. Falls er dazu neigt morgens auf nüchternen Magen zu erbrechen, sollten Sie ihm ein kleines Frühstück (höchstens 25% der Tagesration) geben. Den Rest verwenden Sie den Tag über für die diversen Übungen. Falls abends noch etwas übrig ist, können Sie ihm das aus dem Napf oder Futterball oder bei einem letzten Suchspiel verfüttern. Achten Sie aber beim Welpen darauf, dass die Futtergaben auch über das Training einigermaßen gleichmäßig über den Tag verteilt sind und nicht nur eine oder zwei große Portionen verfüttert werden.

Um zu vermeiden, dass sich eine übermäßige Abhängigkeit von einer Person entwickelt, sollten von Anfang an möglichst mehrere Familienmitglieder als Bezugspersonen für den Hund da sein. Dabei kann einer aus der Familie durchaus den Löwenanteil an Zeit mit dem Hund verbringen und die Haupterziehungsarbeit leisten. Der Hund sollte aber möglichst täglich, auch ohne diese Hauptbezugsperson,

etwas Zeit mit anderen Familienmitgliedern verbringen. Wenn der Hund sofort in Panik gerät, wenn Sie den Raum verlassen oder sich weigert, mit jemand anderem vor die Tür zu gehen, sollten Sie anfangs dabei sein. Gehen Sie gemeinsam spazieren und übergeben Sie irgendwann die Leine an ein anderes Familienmitglied. Geben Sie Ihrem Hund durch Ihre Anwesenheit Sicherheit, überlassen aber alles andere der Person, die jetzt die Leine in der Hand hält oder sich anderweitig mit dem Hund beschäftigt.

Wenn Sie alleine leben, empfiehlt es sich, den Hund mit Nachbarn, Freunden oder Arbeitskollegen bekannt zu machen und ihn häufiger für kurze Zeit von diesen beaufsichtigen zu lassen. Wichtig ist, dass Ihr Hundekind positive Erfahrungen mit diesen Personen verbindet. Wenn ein Arbeitskollege mit Ihrem Welpen spielt, während Sie kurz etwas im Nebenzimmer zu tun haben, wird der Hund sie kaum vermissen. Sie können auch eine Nachbarin zum Kaffee einladen und sie bitten, dem Hund ein paar seiner Lieblingsleckerchen durchs Wohnzimmer zu kullern, während Sie in der Küche Kaffee kochen. Lassen Sie sich ruhig Zeit dabei. Tragen Sie notfalls jede Tasse und jeden Teller einzeln rein. Ihr Hund lernt dabei, dass er auch ohne Sie mit der netten Nachbarin viel Spaß haben kann. Wenn Sie das nächste Mal bei ihr zu Besuch sind, kann sie ihn vielleicht mit einem ähnlichen Spiel beschäftigen, während Sie auf die Toilette gehen oder die Aussicht von Ihrem Balkon genießen. Sollte Ihr Hund gar nicht in der Lage sein, sich auf andere Personen einzulassen, brauchen Sie professionelle Hilfe (siehe Kapitel 4.4.).

2.3. Wie kann man das Alleinebleiben trainieren?

Ihr Hund hat sich gut bei Ihnen eingelebt. Er spielt oder schläft zeitweise freiwillig getrennt von Ihnen und hängt nicht mehr ständig an Ihrem Rockzipfel. Jetzt ist die Zeit gekommen, mit dem eigentlichen Training für das Alleinebleiben zu beginnen. Wenn Sie mit einem Welpen oder Junghund trainieren, müssen Sie sicherstellen, dass er in Ihrer Abwesenheit nicht aus Neugier oder Langeweile Schaden anrichten oder sich selbst verletzen kann. Sie brauchen also einen sicheren Aufenthaltsort für ihn.

Falls Sie ihn während des ersten Lebensjahres nicht länger als zwei Stunden am Tag allein lassen müssen, ist seine Schlafbox dafür ideal geeignet. Für längere Zeiten können Sie ihn aber aus Tierschutzgründen nicht darin lassen. In dem Fall müssen Sie sich überlegen, welcher bzw. welche Räume in Ihrer Wohnung sich am besten hundesicher machen lassen. Dieser Bereich sollte leicht zu reinigende Fußböden haben und in der für den Hund erreichbaren Höhe möglichst keine Einrichtungsgegenstände enthalten, die der Hund als Kauspielzeug missbrauchen könnte. Außerdem muss dieser Bereich zum normalen Wohn- und Aufenthaltsraum innerhalb der Wohnung gehören.

Erwachsene Hunde sollten während Ihrer Abwesenheit alle Räume der Wohnung zur Verfügung haben, die auch für den Hund offen stehen, wenn Sie zu Hause sind. Wenn Sie während Ihrer Abwesenheit einzelne Räume verschlossen halten möchten, müssen diese Räume, auch wenn Sie da sind, des Öfteren geschlossen sein. Türen, die nur während Ihrer Abwesenheit geschlossen sind, können Stress beim Hund hervorrufen. Damit Ihr Hund stressfrei alleine bleiben kann, darf er sich nicht ein- oder ausgesperrt vorkommen. Abgesehen von der Tatsache, dass er allein zu Hause ist, sollte alles so sein, wie immer.

2.3.1. Der Sicherheitsplatz

Auch wenn Ihr Hund sich schon einige Zeit entspannt in einem anderen Raum aufhalten kann, während Sie zu Hause sind, weiß er natürlich, dass Sie da sind. Sie dienen also immer noch als Sicherheitssignal für ihn. Bevor Sie das Haus verlassen und ihn ganz alleine lassen können, müssen Sie ein anderes Sicherheitssignal für ihn aufbauen, das auch in Ihrer Abwesenheit ständig zur Verfügung steht. Manche Hunde suchen sich so einen Sicherheitsgeber selber. Sie legen sich in Abwesenheit Ihrer Besitzer in deren Betten, klauen sich ein benutztes Wäschestück oder einen Schuh und legen sich damit in ihr Körbchen. Wenn Sie kein Problem damit haben, dass Ihr Hund in Ihrem Bett schläft und er die geklaute Unterhose nicht kaputt macht, können Sie mit diesen selbst gewählten Sicherheitssignalen arbeiten. Meist ist es aber sinnvoller, ganz gezielt einen Sicherheitsplatz aufzubauen. Beim Welpen und Junghund empfiehlt sich hierfür auf jeden Fall das Boxentraining. Bei erwachsenen Hunden können Sie auch eine bestimmte Decke oder ein spezielles Kissen als

Ein Kuschelkissen als Sicherheitsgeber ist auf Reisen einfacher zu transportieren als eine große Hundebox.

dem Hund diesen Platz so angenehm wie möglich zu machen. Der Platz sollte sich deshalb zunächst immer dort befinden, wo sich der Hund bevorzugt aufhält. Wenn dieser bevorzugte Aufenthaltsort während des Tages wechselt, müssen Decke oder Box mit umziehen oder Sie brauchen mehrere Sicherheitsplätze.

Damit Ihr Hund seinen Sicherheitsplatz als solchen annimmt, muss er möglichst viele angenehme Erfahrungen damit verknüpfen. Legen Sie mehrmals am Tag ein oder mehrere Leckerchen auf diesen Platz. Anfangs können Sie das tun, während Ihr Hund zusieht. Sie sollten aber bald dazu übergehen, die Häppchen dort zu deponieren, wenn Ihr Hund es nicht sieht. Wenn er zufällig den

Sicherheitsplatz aufbauen. Natürlich können Sie bei Ihrem Welpen neben seiner Box auch noch eine Sicherheitsdecke trainieren. Bei sehr großen Rassen kann eine passende Box für den erwachsenen Hund nicht immer und überall mitgenommen bzw. aufgestellt werden. Da ist ein zweiter Sicherheitsplatz sehr sinnvoll.

Für den Sicherheitsplatz gilt eine ganz entscheidende Grundregel: »Der Hund wird niemals zur Strafe dort hingeschickt!« Es ist kein Ort, an den er gehen und an dem er bleiben muss. Es ist ein Ort, an dem der Hund sich gerne aufhält, weil er sich dort sicher und wohl fühlt. Ein Sicherheitsplatz ist vergleichbar mit der Schmusedecke, die Linus von den Peanuts (wie viele andere kleine Kinder) immer mit sich herumträgt. Das Training zielt also darauf ab,

Eine Decke als Sicherheitsplatz schützt gleichzeitig Möbel und Autositze vor Kratzern und Verschmutzung.

Die Hundedecke kann während der Schmuseeinheiten auch auf den Schoß gelegt werden.

Platz aufsucht, findet er das Futter und wird in Zukunft öfter dort vorbeischauen. Loben Sie ihn jedes Mal, wenn Sie sehen, dass er sich auf seinen Sicherheitsplatz begibt. Wenn er sich von alleine dort hinlegt, gehen Sie vorbei und lassen ihm ein Leckerchen fallen. Geben Sie ihm Schweine- oder Rinderohren, Trockenpansen oder Kauknochen an seinem Sicherheitsplatz. Bringen Sie ihn konsequent aber freundlich mitsamt seinem Kauartikel immer wieder dorthin zurück, wenn er nicht gleich da bleiben will. Falls das anfangs schwierig ist, können Sie ihn zunächst dabei an die Leine nehmen und sich neben ihn setzen, damit er dort bleibt.

Gehört Ihr Hund zu den Exemplaren, die gerne kuscheln und schmusen? Dann verlegen Sie Ihre Schmusestunden auf den Sicherheitsplatz. Hierfür ist die Box meist nicht so gut geeignet. Sie können aber die Hundedecke, die sonst in der Box liegt, für diesen Zweck herausnehmen und benutzen. Für den Aufbau des Sicherheitsplatzes ist es egal, ob Sie sich mit dem Hund auf seine Decke auf dem Fußboden setzen oder ob Sie die Decke auf den Schoß oder neben sich auf das Sofa legen, während Sie mit dem Hund kuscheln. Wichtig ist nur, dass Sie und der Hund sich dabei wohl fühlen und entspannen können. Damit der Sicherheitsplatz dem Hund tatsächlich ein Gefühl der Sicherheit vermitteln kann, darf ihm dort nichts Unangenehmes zustoßen. Zieht der Hund sich dahin zurück, weil er müde ist oder seine Ruhe haben will, darf er von Ihren Kindern oder Besuchern auf gar keinen Fall belästigt werden. Auch Sie selber sollten ihn dort in Ruhe lassen, wenn Sie nicht sicher sind, dass er den Kontakt mit Ihnen in dem Moment möchte.

Das Training für den Aufbau einer Decke oder eines Kissens als Sicherheitsplatz ist beendet, sobald der Hund sich regelmäßig auf diesen Platz zurückzieht, wenn er schlafen, seinen Kauknochen kauen oder einfach nur seine Ruhe haben will. Ist der Sicherheitsplatz eine Box, können Sie jetzt damit beginnen, für kurze Zeit die Tür zu schließen, während der Hund darin mit seinem Spielzeug, Kauknochen oder Futterball beschäftigt ist oder sich zum Schlafen hingelegt hat. Während die Box- bzw. Käfigtür geschlossen ist, dürfen Sie anfangs den Raum

Manche Hunde ziehen den Platz unter dem Bett vor. Wenn der Hund sich auf seinen Sicherheitsplatz zurückzieht, sollte er dort nicht belästigt werden.

nicht verlassen. Beschäftigen Sie sich im Raum, ohne den Hund allzu auffällig zu beobachten. Öffnen Sie die Tür bei den ersten Übungen auf jeden Fall wieder, bevor der Hund mit Fressen oder Spielen fertig ist. Sollte er eingeschlafen sein, müssen Sie die Tür spätestens bei seinem Erwachen öffnen. Warten Sie nicht, bis er randaliert, weil die Tür zu ist. Nutzen Sie für diese Übungen bevorzugt die Zeiten, in denen Ihr Hund sowieso ausgetobt und müde ist, das erhöht die Chancen, dass er sich bei geschlossener Käfigtür zur Ruhe begibt. Gute Übungsgelegenheiten sind auch die Essenszeiten der Familie. Dabei verhindern Sie gleichzeitig, dass der Hund lernt, am Tisch zu betteln oder Lebensmittel zu stehlen, die während des Tischdeckens kurzfristig unbewacht sind.

Sobald Ihr Hund sich entspannt eine halbe bis eine Stunde in dem geschlossenen Käfig aufhalten kann, während Sie im gleichen Raum sind, können Sie anfangen, den Raum für kurze Zeiten zu verlassen.

Wenn Sie Ihren Hund nicht in seiner Box, sondern in einem abgegrenzten, sicheren Bereich der Wohnung alleine lassen wollen, empfiehlt sich die Anschaffung von Kindergittern.

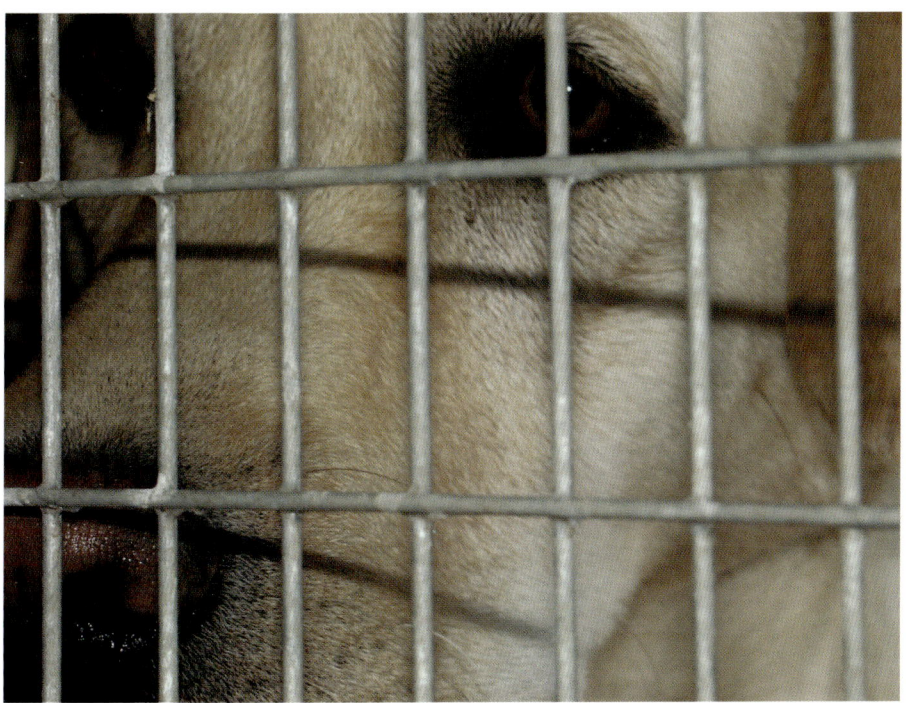

Der Hund darf sich in seiner Box nie eingesperrt fühlen. Das setzt einen sorgfältigen Trainingsaufbau voraus.

So ein Babygitter leistet auch bei der Hundeaufzucht gute Dienste.

Damit können Sie das Alleinebleiben in diesen Räumen relativ einfach und stressfrei üben, weil der Hund Sie, solange Sie noch in der Wohnung sind, hören und gelegentlich sehen kann. Nur wenn Ihr Hund das Kindergitter als Grenze nicht akzeptiert und drüberspringt, müssen Sie mit geschlossenen Zimmertüren arbeiten. Wenn Sie mit Kindergittern arbeiten wollen, muss der Hund an das Vorhandensein der Gitter gewöhnt sein, bevor Sie damit beginnen, das Alleinebleiben hinter dem geschlossenen Gitter zu üben. Erst, wenn der Hund daran gewöhnt ist, sich gemeinsam mit Ihnen in einem Raum mit geschlossenem Gitter aufzuhalten, können Sie anfangen, Trennungen zu üben.

Soll der Hund in Ihrer Abwesenheit die ganze Wohnung – oder den größten Teil davon – zur Verfügung haben, können Sie nach dem Aufbau des Sicherheitsplatzes gleich mit den Übungen zum Verlassen der Wohnung beginnen. Das Grundprinzip des Alleinbleibe-Trainings ist immer das Gleiche und wird in dem Abschnitt 2.3.4 genau erläutert. Dabei ist es egal, ob Sie das Verlassen des Raumes bei geschlossener Käfigtür, das Alleinlassen des Hundes in einem abgegrenzten Bereich der Wohnung oder das endgültige Verlassen des Hauses ohne den Hund üben wollen. Bevor wir dazu kommen, sind aber noch ein paar vorbereitende Punkte zu beachten.

2.3.2. Abschiedsrituale: Wie kann ich dem Hund erklären, dass ich bald wieder da bin?

Hunde verabschieden sich nicht voneinander. Der menschliche Ansatz, dem Hund zu erklären, dass wir nur für kurze Zeit weggehen, wenn wir ohne ihn das Haus verlassen, geht daher oft nach hinten los. Je mehr Sie sich vor dem Weggehen mit Ihrem Hund beschäftigen, umso größer wird sein Interesse und Bedürfnis, bei Ihnen zu sein. Der Hund interpretiert Ihr Interesse an ihm beim Abschied als Aufforderung zu einer gemeinsamen Unternehmung. Gehen Sie dann ohne ihn, ist er zutiefst enttäuscht. Seine Gefühle wechseln schlagartig. Eben noch himmelhoch jauchzend und nun zu Tode betrübt. Es besteht große Gefahr, dass sich aus diesem jähen Stimmungsumschwung Trennungsstress entwickelt.

Um dieses Problem zu vermeiden, müssen Sie Ihrem Hund rechtzeitig klare Informationen darüber vermitteln, was er zu erwarten hat. Dazu brauchen Sie zwei Signale. Das erste bedeutet: Wir unternehmen etwas gemeinsam! Dazu können Sie eine kurze Formel benutzen wie: »Gassi gehen« oder »Du kommst mit« oder etwas Ähnliches. Das sagen Sie zukünftig jedes Mal zu Ihrem Hund unmittelbar, bevor Sie mit den Vorbereitungen für den gemeinsamen Ausflug beginnen. Nehmen wir an, Sie sitzen abends vor dem Fernseher, die Spätnachrichten sind gerade zu Ende und Sie wollen zum letzten Gassigang des Tages mit dem Hund vor die Tür. Wahrscheinlich hat Ihr Hund schon ein oder zwei Stunden auf seinem Platz gelegen und geschlafen. Wenn Sie jetzt den Fernseher ausschalten, spätestens aber, wenn Sie aus dem Sessel aufstehen, wird er aufwachen. Nutzen Sie den Moment, wo er das erste Augenlid hebt und sich zu räkeln und zu strecken beginnt, um ihm zu sagen »Du kommst mit«. Dann können Sie sich Schuhe und Jacke

Wenn das Abschiedssignal gut etabliert ist, döst der Hund weiter, wenn Sie das Haus verlassen.

anziehen, den Schlüssel nehmen und den Hund anleinen. Wenn Sie Ihre magischen Worte jedes Mal sagen, wenn der Hund Sie begleiten darf und immer in dem Moment, in dem der Hund merkt, dass Sie etwas vorhaben, wird er die Bedeutung bald verstehen.

Das zweite Signal, das Sie brauchen bedeutet: Das, was ich jetzt tun werde, ist für Dich völlig bedeutungslos und todlangweilig. Sie könnten das »Du bleibst hier« nennen oder »allein bleiben« oder »warten«. Wichtig ist, dass Sie diese Worte zunächst immer dann benutzen, wenn Sie eine Übung zum Alleinebleiben machen, aber noch nicht wirklich weggehen. Der richtige Zeitpunkt ist wieder der Moment, wo ihr Hund merkt, dass Sie etwas vorhaben. Allerspätestens aber, wenn er an Ihnen vorbei zur Tür eilt, um nicht vergessen zu werden. Nachdem Sie ihm gesagt haben »Du bleibst hier«, beachten Sie den Hund nicht mehr, bis die Übung beendet ist und Ihr Hund nicht mehr darauf hofft, dass Sie mit ihm rausgehen könnten. Das Signal ist erfolgreich etabliert, wenn Ihr Hund, nachdem Sie gesagt haben »Du bleibst hier«, das gerade geöffnete Augenlid wieder schließt und weiterdöst, obwohl Sie aus dem Sessel aufstehen und Richtung Tür gehen.

Diese Art Abschiedsritual erscheint aus menschlicher Sicht vielleicht kalt und unfreundlich. Es erleichtert Ihrem Hund das Alleinebleiben aber erheblich, weil er lernt, immer wenn mein Besitzer das sagt, tut er etwas völlig Uninteressantes. Da Sie ihm das mitteilen, bevor er Zeit hat, sich hochzuspulen und eventuell freudige Erwartungen zu entwickeln, wird er auch nicht enttäuscht, wenn Sie später ohne ihn gehen. Ihr »Du bleibst hier« wird mit einem ruhigen und entspannten Gemütszustand des Hundes verknüpft. Das ist die beste Voraussetzung, um stressfrei alleine zu bleiben.

2.3.3. Pheromone & Co – der Einsatz von Geruchströstern

Die Nase ist für Hunde wahrscheinlich das wichtigste Sinnesorgan. Aber auch für uns Menschen ist der Geruchssinn, obwohl viel schlechter ausgeprägt als beim Hund, extrem wichtig, wenn es um Gefühle geht. Das Riechhirn, also der Teil des Gehirns, in dem Geruchsreize verarbeitet werden, gehört zu den entwicklungsgeschichtlich ältesten Teilen des Gehirns. Es ist auf unbewusster Ebene sehr eng mit dem Limbischen System verbunden. Das ist der Teil des Gehirns, der für Gefühle und Gedächtnisbildung zuständig ist. Die Wahrnehmung eines bestimmten Geruches bringt damit verbundene Erinnerungen und Gefühle sofort wieder ins Gedächtnis. Bei vielen Menschen löst der Geruch von Lebkuchengewürz weihnachtliche Stimmung aus. Kinder, die in

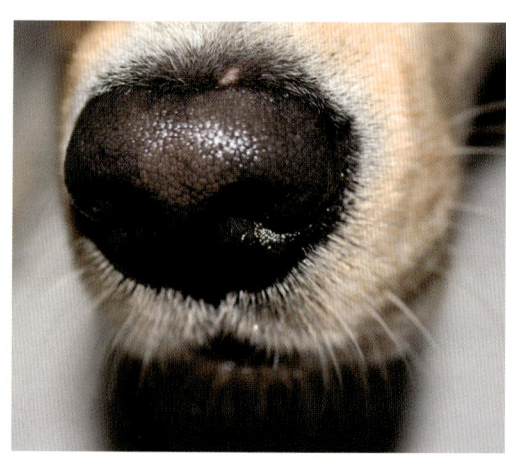

Prüfungssituationen ein Halstuch mit dem Geruch ihrer Mutter tragen, haben eine niedrigere Herzschlagfrequenz und weniger Stress, als ihre Klassenkameraden, die nicht so einen Geruchströster um den Hals tragen. Natürlich können Gerüche auch negative Emotionen auslösen. Menschen, die schlechte Erfahrungen mit Krankenhäusern gemacht haben, können häufig den Geruch bestimmter Desinfektionsmittel nicht ertragen, weil dadurch entsprechende Erinnerungen geweckt werden.

Diese Verknüpfung von Geruch und Gefühl funktioniert bei unseren Hunden auch und wir können sie uns beim Training für das Alleinebleiben zunutze machen. Wir können nämlich die Tatsache nutzen, dass Gerüche, die der Hund mit Entspannung und dem Gefühl von Sicherheit verknüpft hat, diese Gefühle auch bei ihm auslösen. Es ist kein Zufall, dass viele Hunde in

Auch Schuhe dienen gern als Geruchströster.

Abwesenheit ihrer Besitzer bevorzugt in deren Betten oder Lieblingssesseln schlafen. Hier ist der Geruch der vertrauten Personen besonders stark. Das gilt auch für gebrauchte Wäschestücke oder Schuhe. Der Hund vergräbt seine Nase in dem vertrauten Geruch und fühlt sich gleich ein bisschen besser. Das funktioniert natürlich nur, wenn der Besitzer – und damit auch sein Geruch – für den Hund ein Sicherheitssignal darstellt.

Der vertraute Geruch von Frauchens Jacke dient unterwegs als Sicherheitssignal.

Wenn Ihr Hund seinen Geruchströster nicht auffrisst, können Sie ihm ein ausrangiertes T-Shirt, das Sie ein paar Stunden getragen haben, oder ein altes Handtuch, das eine Nacht im Wäschesack gelegen hat, als Geruchströster überlassen. Legen Sie es auf seinen Sicherheitsplatz. Es trägt dazu bei, sein Gefühl von Sicherheit und Entspannung an diesem Ort noch zu erhöhen. Da vor allem junge Hunde leider dazu neigen, auf Ihrem Geruchströster auch herumzukauen, ist es oft keine gute Idee, Kleidungsstücke oder Schuhe einfach herumliegen zu lassen. Bei Hunden, die ihre Geruchströster kaputt machen, kann man diese beispielsweise unmittelbar vor der Wohnungstür deponieren. Wenn Sie in einem Mehrparteienhaus wohnen, verpacken Sie die gebrauchten Socken notfalls in einem neutralen Leinenbeutel. Ihr Geruch vor der Tür täuscht den Hund nicht darüber hinweg, dass Sie nicht da sind. Es kann aber zu seiner Entspannung beitragen, wenn er ihn durch die Tür wahrnehmen kann.

Der wirksamste Geruchströster ist auch bei Hunden der Geruch ihrer Mutter. Einige Züchter wissen das und geben jedem Welpenkäufer ein kleines Stofftier oder ein Deckchen mit, das vorher in der Wurfkiste gelegen hat oder mit dem sie ein paar Mal über das Gesäuge der Hündin gestrichen haben. Dieses Geruchsobjekt gibt dem Welpen Sicherheit und hilft bei der Eingewöhnung in sein neues Zuhause.
Es gibt aber inzwischen auch einen industriell hergestellten Geruchströster für Hunde, das D.A.P. Die Abkürzung steht für das englische »Dog Appeasing Pheromone«, was sinngemäß mit »Pheromon zur Beruhigung von Hunden«

Ein Kuscheltier mit »Mamas« vertrautem Geruch erleichtert die Eingewöhnung.

übersetzt werden kann. D.A.P. imitiert also nicht den Geruch einer bestimmten Hündin, sondern es enthält die gemeinsame, arttypische Pheromonkomponente, die bei allen Hündinnen von Duftdrüsen in der Milchleiste produziert wird. Obwohl es vermutlich nicht so wirkungsvoll ist, wie der Geruch der eigenen Mutter, scheint es bei vielen Hunden eine entspannende Wirkung zu haben. Wenn Sie kein Geruchsobjekt mit dem Geruch der Mutter ihres Hundes haben, können Sie sich von Ihrem Tierarzt einen D.A.P.-Zerstäuber für die Steckdose besorgen. Der Geruch ist für Menschen nicht wahrnehmbar, kann aber zur allgemeinen Entspannung des Hundes beitragen und damit das Alleinbleibe-Training gut unterstützen.

2.3.4. Wenn Du schnell ans Ziel kommen willst, gehe langsam! – Das Gesetz der kleinen Schritte

Alle Vorbereitungen sind getroffen, und Sie können nun beginnen, das eigentliche Alleinebleiben zu üben. Bauen Sie die Übungen so in Ihren Alltag ein, dass sie für den Hund

nicht als Übung erkennbar sind, sondern zur Alltagsroutine gehören. Gehen Sie einfach zwischendurch immer wieder zur Haus- bzw. Wohnungstür, öffnen kurz die Tür und schließen sie dann wieder, ohne selbst hinauszugehen. Falls Ihr Hund daran Interesse zeigt und mit zur Tür läuft, sagen Sie ihm Ihre Formel für »Du bleibst hier« und beachten ihn dann nicht mehr. Machen Sie diese Übung mindestens zehn Mal am Tag. Sie können zum nächsten Schritt übergehen, wenn es Ihren Hund nicht mehr interessiert, dass Sie zur Tür gehen und selbige auf und zu machen. Der weitere Übungsaufbau ist davon abhängig, ob Sie den Hund mehr bis minder unbegrenzt in der Wohnung alleine lassen wollen oder ob Sie ihn in einem bestimmten Bereich bzw. in seiner Schlafkiste lassen möchten.

Wenn Sie Ihren Hund hinter einer geschlossenen Tür innerhalb der Wohnung lassen wollen, müssen Sie die eben für die Wohnungstür beschriebene Übung auch mit dieser Zimmertür machen, bevor Sie damit anfangen, Trennungszeiten aufzubauen. Das Grundprinzip für den schrittweisen Aufbau von Trennungszeiten ist immer das Gleiche. Es wird hier am Beispiel des Boxentrainings erklärt, gilt aber entsprechend, wenn Sie statt der Box ein Kindergitter, eine Tür innerhalb der Wohnung oder die Haustür als Grenze für den Hund aufbauen wollen.

Als Voraussetzung für die folgenden Trainingsschritte muss das Boxentraining (s. 2.3.1.) so weit fortgeschritten sein, dass Ihr Hund entspannt eine halbe bis eine Stunde in seinem Käfig bleiben kann, während Sie sich in demselben Raum aufhalten, ohne ihn zu beachten. Jetzt fangen Sie an, den Raum für kurze Zeit zu verlassen. Bei den ersten Übungen gehen Sie nur für ein oder zwei Sekunden aus dem Raum, bleiben aber noch in Sichtweite. Die Zimmertür bleibt dabei offen. Wiederholen Sie diese Übung so oft, bis Sie sicher sind, dass Ihr Hund entspannt in seiner Box bleibt, wenn Sie durch die Tür hinausgehen.

Beim nächsten Trainingsschritt verschwinden Sie nach dem Verlassen des Raumes außer Sicht. Allerdings auch zunächst nur für ein oder zwei Sekunden. Wenn Ihr Hund bei Ihrer Rückkehr entspannt ist, können Sie die Zeiten, die Sie außer Sicht verbringen, langsam verlängern. Sollte Ihr Hund Unruhe oder begeistertes Begrüßungsverhalten zeigen, wenn Sie nach kurzem Verlassen des Raumes wieder hereinkommen, war die Zeit zu lang. Beschäftigen Sie sich dann eine Weile ruhig im Raum, ohne ihn zu beachten. Lassen Sie ihn erst aus dem Käfig, wenn er wieder ganz entspannt ist. Achten Sie darauf, beim nächsten Mal kleinere Übungsschritte zu machen.

Denken Sie daran, dass Sie immer nur eins auf einmal üben können. Anfangs gehen Sie in einer fünfminütigen Trainingseinheit vielleicht dreimal für ein oder zwei Sekunden außer Sicht vor die Tür. Dann fünfmal, dann zehnmal. Im nächsten Schritt verlängern Sie die Zeiten, die Sie außer Sicht verbringen. Zwei oder drei fünfminütige Trainingseinheiten am Tag bringen Sie anfangs schneller voran, als einmal eine Viertelstunde. Wenn Ihr Hund sich ruhig in seinem Käfig beschäftigt, während Sie außerhalb des Raumes sind, brauchen Sie nicht mehr ständig in den Raum zurückzugehen. Schauen Sie aber immer mal wieder unauffällig an der

Tür vorbei, ob noch alles im grünen Bereich ist. Sprechen Sie den Hund nicht an, und lassen Sie ihn nicht jedes Mal gleich aus dem Käfig, wenn Sie die Übungseinheit beenden und wieder in den Raum kommen. Er wird sonst angespannt auf Ihre Rückkehr warten, statt sich zu entspannen. Gehen Sie hinein, beschäftigen Sie sich noch eine oder mehrere Minuten im Raum und machen Sie dann erst die Käfigtür auf. Im Laufe der Zeit verlängern Sie die Zeit, die der Hund alleine in seiner Kiste in dem Raum verbringt, schrittweise auf eine Stunde. Dabei müssen Sie die ersten zehn Minuten in relativ kleinen Schritten aufbauen. Danach können die Steigerungsschritte größer werden, d.h. wenn Ihr Hund schon 20 Minuten problemlos alleine bleibt, können Sie es als Nächstes mit 25 oder 30 Minuten probieren.
Wichtig ist aber, dass Sie die Zeit so langsam verlängern, dass Ihr Hund nicht überfordert wird.

Wenn er bei Ihrer Rückkehr unruhig ist oder schon gespannt auf Sie wartet, war die Zeit zu lang. Gehen Sie bei der nächsten Übung mindestens zwei Schritte zurück und festigen das, was schon funktioniert hat, noch einmal. Erst wenn die kürzere Zeitspanne an mindestens drei Tagen beim Üben gut geklappt hat, dürfen Sie die Zeit wieder verlängern. Wählen Sie dafür einen kleineren Schritt, damit es nicht wieder schief geht. Achten Sie darauf, dass Sie zwischendurch auch immer mal wieder kürzere Trainingseinheiten machen.
Auch wenn Ihr Hund schon eine halbe Stunde allein bleibt, sollten Sie nicht jede Übung länger machen als die vorhergehende, sondern manchmal auch nur fünf, zehn oder zwei Mi-

nuten weg sein. Viele kurze Übungen festigen das Grundprinzip des entspannten Alleinebleibens besser, als wenige lange.

Wenn Sie das Alleinebleiben in der Box oder in einem begrenzten Teil der Wohnung trainieren, wird Ihr Hund wahrscheinlich unterscheiden können, ob Sie »nur« in einem anderen Zimmer sind, oder das Haus ganz verlassen haben. Damit er nicht nur lernt, innerhalb der Wohnung von Ihnen getrennt zu sein, müssen Sie, wenn Sie Zehn-Minuten-außer-Sicht-Bleiben aufgebaut haben, anfangen, immer mal wieder während der Übungen die Haustür auf zu machen und wieder zu schließen. Wenn das keine Unruhe bei Ihrem Hund auslöst, können Sie parallel zu Ihren Übungen zum Alleinlassen innerhalb der Wohnung anfangen, Zeiten aufzubauen, wo Sie die Wohnung ganz verlassen. Achten Sie darauf, nach der Rückkehr in die Wohnung nicht jedes Mal sofort zum Hund zu gehen. Ihr Verlassen des Hauses soll genauso zur selbstverständlichen Routine werden, wie Ihr zeitweiliger Aufenthalt in anderen Teilen der Wohnung.
Sie müssen übrigens nicht jede Minute der später erforderlichen Alleinbleibezeit einzeln auftrainieren. Bei den meisten Hunden liegt der entscheidende Zeitpunkt irgendwo zwischen einer halben und einer Stunde. Sobald Sie eine Stunde sicher aufgebaut haben, machen Sie einen Versuch mit anderthalb Stunden. Wenn das klappt, haben Sie es geschafft. Für Ihren Hund ist es nun egal, ob Sie eine oder sechs Stunden weg sind. Wie lange Sie ihn allein lassen können, hängt jetzt in erster Linie davon ab, wie weit das Sauberkeitstraining schon gediehen ist.

Solange Sie den Hund in seiner Box lassen müssen, sind zwei Stunden die Obergrenze. Allerdings sollten Sie ihn bis zum Alter von vier bis fünf Monaten auch in einem sicher abgegrenzten Teil der Wohnung nicht mehr als zwei Stunden alleine lassen, wenn Sie nicht riskieren wollen, dass er in die Wohnung macht. Auch wenn er nachts schon sechs bis acht Stunden durchhält, wird er tagsüber nach ca. zwei Stunden wieder raus müssen. Falls Sie Ihren Junghund schon regelmäßig länger alleine lassen müssen, sollte er entweder einen Zugang zum Garten oder eine Toilettenmöglichkeit in der Wohnung haben. Auch Hunde kann man auf ein Katzenklo trainieren. Das ist sicher keine optimale Lösung und es ersetzt auf keinen Fall die notwendigen Spaziergänge. Um zu verhindern, dass der Hund notgedrungen die ganze Wohnung als Klo benutzt, kann es aber im Einzelfall eine Übergangslösung sein.

2.3.5. Die Heimkehr – was muss ich beim Nachhausekommen beachten?

Die meisten Hundebesitzer werden beim Nachhausekommen von ihrem Hund sehr aufgeregt und voller Begeisterung begrüßt. Tatsächlich ist das einer der Gründe, warum viele Menschen sich einen Hund halten. Wer, außer dem Hund, lässt sofort alles stehen und liegen, wenn wir nach Hause kommen und freut sich so offensichtlich, uns zu sehen? Wenn er uns nicht gerade umschmeißt oder schmutzige Pfotenabdrücke auf der guten Kleidung hinterlässt, ist sein Begrüßungsverhalten daher meistens erwünscht.

Schaut man sich Hundeverhalten genauer an, fällt allerdings auf, dass Hunde diese Art von Begrüßungsverhalten nur Menschen gegenüber zeigen. Die Begrüßung bekannter Artgenossen läuft, auch wenn man sich gut kennt und gerne mag, viel ruhiger ab. Der im Rang tiefer stehende Hund wird dem Ranghöheren gegenüber Beschwichtigungsverhalten, z.B. in Form von Mundwinkellecken, vielleicht auch pföteln, Spielaufforderung oder sogar auf den Rücken legen oder Unterwürfigkeitsharnen zeigen.
Der Ranghöhere wird den unterlegenen Hund meist nur kurz beschnüffeln und sich dann anderen Dingen zuwenden.

Die Begrüßung unter Artgenossen verläuft normalerweise viel ruhiger als gegenüber Menschen.

Damit ist die Begrüßung normalerweise beendet. Das extrem aufgeregte Begrüßungsverhalten gegenüber Menschen ist etwas, was wir dem Hund unbewusst antrainieren, weil wir uns – zumindest solange er ein niedlicher kleiner Welpe ist – darüber freuen und es durch unsere begeisterte Reaktion verstärken. Mit der Zeit lernt der Hund, dass Menschen bei der Begrüßung immer sehr aufgeregt sind und es toll finden, wenn der Hund an ihnen hochspringt, jault, kläfft oder wie ein Wilder um sie herumsaust.

Wenn Sie möchten, dass Ihr Hund lernt, problemlos alleine zu bleiben, sollten Sie Ihr Begrüßungsverhalten dem eines souveränen, ranghöheren Hundes anpassen. Begrüßen Sie ihn freundlich, aber kurz, und beschäftigen Sie sich dann erstmal mit anderen Dingen. Erst wenn der Hund sich wieder vollständig beruhigt hat, dürfen Sie ihn wieder beachten. Dieses Verhalten wird Ihr Hund nicht als Lieblosigkeit oder Zurückweisung auffassen. Es zeigt ihm lediglich, dass alles in Ordnung ist und kein Grund zur Aufregung besteht. Je mehr Sie auf sein Begrüßungsverhalten eingehen, desto mehr Bedeutung verleihen Sie dem Wiedersehen. Das ist aber völlig unangemessen, wenn Sie nur ein paar Stunden, vielleicht sogar nur fünf Minuten, weg waren. Es ist schließlich gar nichts Dramatisches passiert. Sie waren kurz weg, jetzt sind Sie wieder da. Das ist alles. Kein Grund, sich aufzuregen.

2.3.6. Allein bleiben im Auto

Viele Hunde bleiben problemlos im Auto, obwohl man sie in der Wohnung keine fünf Minuten alleine lassen kann. Das liegt vermutlich daran, dass die meisten Hundebesitzer unbewusst das Alleinlassen im Auto in ausreichend kleinen Schritten aufbauen. Wenn der Hund nach einem entsprechenden Boxentraining im

Im Auto bleiben viele Hunde problemlos alleine.

Auto in seiner Transportkiste fährt, gibt ihm das oft schon das notwendige Sicherheitsgefühl. Allerdings gibt es auch Hunde, die im Auto Trennungsprobleme haben. Da ein ungesicherter Hund an der Inneneinrichtung eines Autos in kurzer Zeit großen Schaden anrichten kann, sollten Sie kein Risiko eingehen. Grundsätzlich folgt das Alleinbleibe-Training im Auto denselben Grundregeln, wie sie im Kapitel 2.3.4. für die Wohnung beschrieben sind.

Wenn Sie Ihren Hund im Auto alleine lassen wollen, müssen Sie sicherstellen, dass es während Ihrer Abwesenheit im Wagen nicht zu warm oder zu kalt wird und ausreichend Frischluftzufuhr vorhanden ist. Im Frühjahr und Herbst ist das in unseren Breiten meist unproblematisch. Wenn Sie einen kurzhaarigen Wohnungshund im Winter, besonders bei Minusgraden, länger als eine Viertelstunde im Auto lassen wollen, braucht er nicht nur eine warme Unterlage, sondern auch ein warmes Mäntelchen, um nicht krank zu werden. Wenn Sie mal im winterlichen Stau auf der Autobahn geparkt haben, wissen Sie aus eigener Erfahrung, wie schnell ein gut geheiztes Auto bei abgestelltem Motor auskühlt.

Ein Wintermantel für den Hund ist hier keine modische Albernheit und auch kein überflüssiger Luxus. Er bewahrt Ihren Hund vor unnötigen Schmerzen und Leiden und der Anschaffungspreis amortisiert sich schnell über die eingesparten Tierarztkosten.

Viel schwieriger ist die Unterbringung von Hunden im Auto allerdings bei hohen Außentemperaturen. Wenn die Sonne scheint und mehr als 15 Grad Lufttemperatur herrschen, dürfen Sie den Hund nur an einem vollständig schattigen Parkplatz im Auto lassen. Das Wageninnere heizt sich bei Sonneneinstrahlung innerhalb kurzer Zeit auf weit über 50°C Grad auf und wird zur Todesfalle für Ihren Hund. Bedenken Sie bei der Parkplatzwahl, dass die Sonne weiterwandert. Der jetzt noch schattige Platz kann schon kurze Zeit später in der prallen Sonne sein, wenn Sie nicht richtig geplant haben. Gut belüftete Parkhäuser sind optimale Sommerparkplätze.

Aber Achtung: stark frequentierte Tiefgaragen oder schlecht belüftete Parkhäuser in der Innenstadt können trotz angenehmer Temperaturen durch Kohlenmonoxidvergiftung zur tödlichen Falle werden. Wenn Sie im Sommer Ihren Hund im Auto mitnehmen und zeitweise darin lassen wollen, sollten Sie auf jeden Fall mehr Zeit für die Parkplatzsuche und eventuell daraus resultierende längere Fußwege einplanen. Im Zweifelsfall ist er bei hohen Außentemperaturen zu Hause besser aufgehoben.

Wichtig: Achten Sie darauf, dass es im Auto während Ihrer Abwesenheit nicht zu warm oder zu kalt für den Hund wird.

Ein fachmännisch eingebautes Hundegitter schützt Hund und Auto. Bei Wartezeiten können die Türen evtl. zur besseren Belüftung offen bleiben.

Und wenn es nicht klappt – eine Analyse

Wenn in der tierärztlichen Verhaltenstherapiepraxis ein Hund vorgestellt wird, der Probleme mit dem Alleinebleiben hat, ist zunächst einiges an Detektivarbeit nötig, um zu ermitteln, was genau dahinter steckt. Nicht alles, was auf den ersten Blick so aussieht, ist tatsächlich ein Trennungsangstproblem. Eine Erfolg versprechende Behandlung kann aber nur eingeleitet werden, wenn man die Ursachen für das unerwünschte Verhalten des Hundes kennt. Wir müssen also zunächst einmal schauen, was Trennungsangst eigentlich ist. Was sind die typischen Symptome? Wie kann ich feststellen, ob der Hund sein unerwünschtes Verhalten während meiner Abwesenheit nicht aus ganz anderen Gründen zeigt?

3.1. Trennungsangst – Normalverhalten oder Verhaltensstörung?

 Verhaltensstörung:
Definition nach Hassenstein (1980). Das Verhalten eines Tieres gilt dann als gestört, wenn es das Individuum selbst, seinen Sozialverband oder seine Art schädigt oder aber wenn das Verhalten auf Grund von äußeren Schädigungen oder nachteiligen Einflüssen auftritt, ohne den Organismus gegen sie (die Schädigungen oder Einflüsse) zu schützen.

 Verhaltensproblem:
Als Verhaltensproblem oder Problemverhalten bezeichnet man in der Tierverhaltenstherapie jedes Verhalten, das für den Besitzer oder das Lebensumfeld des Tieres ein Problem darstellt. Dabei handelt es sich meistens um normale, aber zumindest in bestimmten Situationen unerwünschte Verhaltensweisen.

In diesem Sinne ist Trennungsangst beim Hund ein Normalverhalten, denn grundsätzlich trägt sie erstmal dazu bei, das Überleben zu sichern. Für viele Hunde und ihre Besitzer wird Trennungsangst allerdings zu einem erheblichen Verhaltensproblem, weil die Lebensqualität von Hund und Hundehalter und oft auch die des unmittelbaren Lebensumfeldes der beiden, dadurch erheblich beeinträchtigt werden kann. In einigen extremen Fällen kann die Grenze zur Verhaltensstörung auch erreicht oder sogar überschritten werden. Nämlich immer dann, wenn der Hund im Rahmen seiner Trennungsangst selbstzerstörerisches Verhalten entwickelt. In den meisten Fällen äußert sich die Trennungsangst aber auf andere Weise.

3.1.1. Die typischen Symptome

Die meisten Hunde mit Trennungsangst bellen, jaulen oder heulen, wenn sie alleine gelassen werden. Mit diesem, dem Kontaktheulen der Wölfe vergleichbaren Verhalten, versuchen sie, den Kontakt zum Rudel – in diesem Fall also ihren Besitzern – wieder herzustellen. Manche Hunde machen nur die ersten paar Minuten, nachdem der Besitzer das Haus verlassen hat, Krach. Andere bellen oder heulen stundenlang, bis die Besitzer wieder da sind. Einige fangen erst an Krawall zu machen, wenn sie das Auto ihres Besitzers vorfahren hören. Bei wieder anderen beschweren sich die Nachbarn über die Lärmbelästigung, die Besitzer selber hören den Hund aber weder beim Verlassen des Hauses noch bei der Heimkehr jemals bellen.

Ein anderes Symptom bei Trennungsangst ist das Zerstören von Gegenständen. Teilweise versuchen die Hunde offensichtlich, ihren Besitzern zu folgen. Sie kratzen an der Wohnungstür oder versuchen sie zu benagen.

Manche versuchen, sich an der geschlossenen Tür durch den Fußboden zu graben. Dabei können sie, je nach Material und Beschaffenheit von Tür, Fußboden und angrenzenden Wänden schon innerhalb kurzer Zeit starke Schäden an der Einrichtung anrichten. Im Einzelfall kann die Wohnung bei der Rückkehr der Besitzer wie der Tatort eines Kapitalverbrechens aussehen. Nicht nur wegen der Spur der Zerstörung, sondern weil der Hund sich bei seinem verzweifelten Versuch, seinen Besitzern zu folgen, Krallen oder Zähne abgebrochen oder Pfoten und Schnauze zerschnitten hat und sein Blut in der ganzen Wohnung verteilt ist. Andere Hunde räumen den Mülleimer aus und verteilen dessen Inhalt auf dem Teppich, graben ein Loch in Papas Fernsehsessel, fressen Möbel an, zerfetzen Sofakissen oder zerbeißen die Fernbedie-

Alarmstufe rot, wenn der Hund versucht, Ihnen durch das Fenster zu folgen. Der Verursacher dieser Schäden sprang zwei Wochen später durch ein geschlossenes Fenster, als die Besitzer die Wohnung verließen.

Trennungsangsthunde versuchen oft, ihren Besitzern durch die geschlossene Wohnungstür zu folgen. Hier waren die Besitzer nur zwanzig Minuten außer Haus ...

nung. Manche vollbringen geradezu artistische Leistungen. Sie erklimmen Regale und räumen sie bis unter die Zimmerdecke ab, springen auf Tische und Arbeitsflächen, holen Gardinen herunter und man findet ihre Pfotenabdrücke an Stellen, die nach menschlichem Ermessen gar nicht für sie erreichbar sein dürften.

Ein weiteres typisches Symptom bei Trennungsangst ist Unsauberkeit. Die Hunde setzen in Abwesenheit ihrer Besitzer Harn oder Kot in der Wohnung ab. Dabei ist es völlig unerheblich, wie lange die Besitzer außer Haus sind und wann der Hund das letzte Mal vorher Gassi war. Die Unsauberkeit kann schon auftreten, wenn die Besitzer nur fünf Minuten weggehen. Oft ist es so, dass diese Hunde in Abwesenheit ihrer Besitzer nicht nur einmal, sondern mehrfach

Todesangst mobilisiert gigantische Kräfte. Diesen Schaden im Türbereich des Küchenfußbodens hat ein acht Wochen alter Zwergpudelwelpe innerhalb einer halben Stunde angerichtet.

in die Wohnung machen. Wenn Kot abgesetzt wird, findet man häufig einen normal geformten Haufen und eine Reihe von zunehmend kleiner und weicher werdenden weiteren Kotklecksen. Manche Hunde bekommen in Folge ihrer Trennungsangst so massiven Durchfall, dass wegen der bespritzten Wände eine Komplettrenovierung der betroffenen Räume notwendig ist. In den Symptomkomplex Unsauberkeit gehört auch das extreme Speicheln, das einige Hunde zeigen, wenn sie alleine gelassen werden. Bei der Rückkehr der Besitzer sind diese Hunde im Hals- und Brustbereich und an den Vorderbeinen von ihrem eigenen Speichel völlig durchnässt. Teilweise speicheln sie so stark, dass große Flächen des Fußbodens ebenfalls mit Speichel bedeckt sind.

Diese, auf den ersten Blick so unterschiedlichen Symptome der Trennungsangst, haben eine Gemeinsamkeit. Es sind alles verschiedene Ausdrucksmöglichkeiten von Stress. Je nach persönlicher Veranlagung und vorhergegangenen Lernerfahrungen äußert sich dieser Stress in stereotypen Lautäußerungen, erhöhter Aktivi-

tät oder körperlichen Symptomen. Auch beim Menschen ist der Verlust der Schließmuskelkontrolle unter Stress keine Seltenheit (die sogenannte Sextanerblase). Während einige unter Stress einen trockenen Mund kriegen und nicht stillsitzen können, müssen andere dauernd schlucken, weil die Speichelproduktion auf Hochtouren läuft oder rennen alle fünf Minuten auf die Toilette. Diese Stresssymptome sind nicht bewusst kontrollierbar. Hunde, die während des Alleinseins bellen, etwas kaputt machen oder unsauber werden, tun das nicht, um Ihre Besitzer zu ärgern oder zu bestrafen. Es ist keine Trotzreaktion, nach dem Motto: »Das kommt davon, wenn Du mich alleine lässt.« Es ist auch nichts, was der Hund lassen könnte, wenn er wollte. Es wird nur aufhören, wenn der Hund beim Alleinebleiben keinen Stress mehr hat.

Es gibt Trennungsangsthunde, die nur ein einziges Symptom zeigen. Andere zeigen zwei oder sogar alle drei Symptome gleichzeitig. Einige haben vielleicht zu Anfang ihrer »Karriere« zerstört oder waren unsauber. Dann hat das aufgehört und sie haben stattdessen angefangen zu bellen oder umgekehrt.

3.1.2. Abgrenzung anderer Ursachen für das unerwünschte Verhalten

Natürlich gibt es noch eine ganze Reihe anderer Gründe, warum Hunde bellen, Gegenstände zerstören oder unsauber werden können, während ihre Besitzer außer Haus sind. Territorialverhalten kann, insbesondere bei Rüden, durchaus dazu führen, dass die Hunde, wenn ein spezieller Intimfeind an der Wohnungstür oder vor dem Fenster vorbeigeht, drinnen zu toben anfangen. Dabei steigern sich einige so in ihre Empörung hinein, dass sie nicht nur bellen, sondern auch in der Wohnung markieren und Einrichtungsgegenstände herunterreißen, an Türen oder Fenstern kratzen und hineinbeißen oder sogar Gegenstände zerfetzen, um sich abzureagieren.

Wenn Sie in einem Mehrparteienhaus wohnen und einen Hund haben, der bellt, wenn jemand durch das Treppenhaus geht, kann das natürlich auch in Ihrer Abwesenheit passieren. Zerstörungsverhalten kann, gerade bei jungen Hunden, auch aus Langeweile und Spiel- bzw. Erkundungsverhalten entstehen. Wenn Ihr Hund noch nicht hundertprozentig stubenrein ist, muss seine Unsauberkeit in Ihrer Abwesenheit nichts mit Trennungsstress zu tun haben. Auch Hunde, die normalerweise sauber sind, können Durchfall oder eine Blasenentzündung bekommen. Wenn dann niemand zu Hause ist, um mit ihnen vor die Tür zu gehen, werden sie notgedrungen in die Wohnung machen. Diese Hunde haben eigentlich kein Problem mit dem Alleinebleiben, können aber, wie wir später sehen werden, durch menschliche Fehler schnell ein Trennungsangstproblem entwickeln.

Mit hoher Wahrscheinlichkeit liegt ein Trennungsangstproblem vor, wenn Ihr Hund das unerwünschte Verhalten ausschließlich in Ihrer Abwesenheit zeigt und wenn er es jedes Mal zeigt, wenn Sie außer Haus sind. In einigen Fällen zeigen Hunde zwar jedes Mal, wenn man sie alleine lässt, deutliche Stresssymptome, aber der Stress wird offensichtlich nicht durch Angst, sondern durch Frustration ausgelöst. Bei diesen Hunden ist ein ganz anderer Behand-

lungsansatz notwendig, als bei den Angstpatienten. Daher ist eine möglichst genaue Zuordnung des Problemverhaltens wichtig.

Wenn das Verhalten zwar nur gezeigt wird, wenn der Hund alleine ist, aber nicht bei jedem Alleinsein, sondern nur gelegentlich, kann es auch andere Auslöser haben. Hunde mit anderen Angstproblemen (z.B. Geräuschangst, Angst vor Gewitter) können die Angst auslösenden Reize vielleicht gerade noch ertragen, wenn ihre Besitzer zu Hause sind. Gibt es ein Gewitter, während die Besitzer außer Haus sind, geraten sie eventuell so in Panik, dass sie unsauber werden oder Zerstörungsverhalten zeigen, im Einzelfall auch anfangen zu bellen oder zu heulen. Zeigt Ihr Hund das unerwünschte Verhalten auch in Ihrer Anwesenheit, wenn auch in abgeschwächter Form, dann ist es höchstwahrscheinlich kein Symptom von Trennungsangst. Um eine genauere Zuordnung zu treffen, muss man sich immer das gesamte Verhalten des Hundes im Zusammenhang mit dem Alleinebleiben genau anschauen.

Wenn Ihr Hund nicht nur beim Alleinebleiben, sondern auch in Ihrer Anwesenheit Gegenstände zerkaut oder unsauber ist, haben Sie es vermutlich nicht mit einem Trennungsangstproblem zu tun.

3.2. Situationsanalyse: Was macht unser Hund, wenn er alleine bleiben muss?

Wenn Sie den Verdacht haben, dass Ihr Hund unter Trennungsangst leiden könnte, sollten Sie systematisch an die Abklärung herangehen. Sie werden vor allem wenn das Problem schon länger besteht oder starke Ängste vorhanden sind, für eine erfolgreiche Behandlung die Hilfe eines auf Verhaltenstherapie spezialisierten Tierarztes brauchen. Sie können aber einiges an Vorarbeit leisten, um dem Spezialisten die benötigten Informationen liefern zu können. Das spart Beratungszeit und damit auch Geld und ermöglicht eine effektivere Behandlung. Dafür müssen Sie vorab ein wenig Zeit investieren, um Ihren Hund so objektiv wie möglich zu beobachten und die in den folgenden Abschnitten aufgeführten Fragen zu beantworten. Am besten schreiben Sie Ihre Beobachtungen einige Zeit lang täglich auf. Besonders wichtig ist dieses Tagebuch bei Hunden, die nur gelegentlich beim Alleinebleiben Probleme machen. In diesen Fällen sollten Sie über mehrere Wochen Protokoll führen, um eventuell vorhandene Muster erkennen zu können. Fragen Sie auch andere Familienmitglieder nach ihren Beobachtungen. Vielleicht zeigt der Hund nicht bei allen die gleichen Verhaltensweisen beim Weggehen oder Nachhausekommen. Daraus können sich wichtige Mosaiksteine für das Erkennen von Auslösern, aber auch Hinweise für die notwendigen Behandlungsschritte ergeben.

3.2.1. Verhalten beim Weggehen

Beobachten und protokollieren Sie das Verhalten Ihres Hundes, wenn Sie oder andere Familienmitglieder das Haus verlassen. Ist er sehr aufgeregt? Läuft er zur Tür? Bellt oder jault er dabei? Rennt er ständig um Sie herum und belästigt Sie so sehr, dass Sie sich kaum Jacke oder Schuhe anziehen können? Manche Hunde drängeln sich so schnell durch die Tür, dass die Besitzer regelmäßig mehrere Anläufe brauchen, um das Haus ohne den Hund verlassen zu können. Andere Hunde versuchen, die Besitzer am Verlassen der Wohnung zu hindern, indem sie den Weg blockieren oder sogar nach Händen, Füßen oder Kleidern schnappen. Vielleicht zeigt Ihr Hund auch ein eher trauriges, depressives Verhalten, wenn er merkt, dass Sie ohne ihn weggehen und schleicht sich mit gesenktem Kopf und eingezogenem Schwanz in sein Körbchen.

Finden Sie heraus, woran Ihr Hund merkt, dass Sie weggehen wollen. Die meisten Menschen entwickeln bestimmte Rituale, bevor sie das Haus verlassen. Sie ziehen andere Schuhe an, stecken den Schlüssel ein, gehen vielleicht noch mal ins Bad oder auf die Toilette, nehmen ihre Hand- oder Aktentasche und ziehen in der kalten Jahreszeit einen Mantel über. Woraus besteht Ihr Ritual? Schreiben Sie alles auf und probieren Sie dann, auf welche der einzelnen Aktionen Ihr Hund reagiert. Vielleicht ist es ihm egal, ob Sie vom Schreibtisch aufstehen und Ihre Tasche packen, aber er erwacht sofort aus dem Tiefschlaf, wenn Sie den Autoschlüssel in die Hand nehmen. Für einige Hunde sind bestimmte Kleidungsstücke oder das Klimpern des Schlüssels zum Aufbruchssignal geworden, andere reagieren nur auf das Gesamtritual, wenn es in seiner gewohnten Reihenfolge abgespult wird. Je genauer Sie wissen, welche Ihrer Handlungen Ihr Hund als Aufbruchssignal bzw. als Ankündigung Ihres Weggehens verknüpft hat, desto besser können Sie diese Signale später abtrainieren.

3.2.2. Detektivarbeit: Überprüfen, was der Hund in unserer Abwesenheit tatsächlich tut

Um herauszufinden, was Ihr Hund in Ihrer Abwesenheit tatsächlich tut, brauchen Sie in den meisten Fällen technische Hilfsmittel. Wenn Ihre Nachbarn sich beschweren, dass der Hund stundenlang bellt oder jault, wenn Sie weg sind, können Sie sich natürlich mal im Treppenhaus oder vor dem Haus auf Lauschposten begeben. Allerdings gibt es Hunde, die genau merken, ob die Besitzer noch in der Nähe sind oder nicht. Manchmal hilft es, das Auto bis um die Ecke zu fahren und dann heimlich zu Fuß zurückzukommen. Sie können sich auch bei Ihren Nachbarn einquartieren und horchen, was Ihr Hund macht.

Am sinnvollsten ist es allerdings, wenn Sie während Ihrer Abwesenheit eine Videokamera oder zumindest ein Tonband laufen lassen und das Geschehen aufnehmen. Wenn Sie mehrere Stunden außer Haus sind, können Sie bei Tonaufzeichnungen eine Zeitschaltuhr zu Hilfe nehmen, um über die gesamte Zeit immer wieder Fünf-Minuten-Abschnitte aufzunehmen. Damit lässt sich überprüfen, ob der Hund tatsächlich über Stunden Krach macht oder den genervten Nachbarn die Zeitspanne nur so ewig vorkommt. Auch die Ermittlung anderer

Was tut der Hund tatsächlich, während wir außer Haus sind?

Auslöser für das Bellen oder für Zerstörungsverhalten und Unsauberkeit ist mit Hilfe einer Videoaufnahme viel einfacher. Eine Hundehalterin mit zwei kleinen Terriern hat erst durch die Videoaufnahme herausgefunden, dass keiner Ihrer Hunde unter Trennungsangst litt. Das Gebell, über das sich die Nachbarn beschwert hatten und die Unordnung und gelegentliche Zerstörung in der Wohnung waren eine Folge wilder Verfolgungsjagden, die ein Kater aus der Nachbarschaft auslöste, indem er über den Balkon und einen Fenstersims außen am

Wohnzimmer entlang stolzierte. Eine Sichtblockade an der Balkontür und im unteren Drittel der Fenster, die immer aufgestellt wurde, wenn die Besitzerin aus dem Haus ging, hat das Problem im Handumdrehen behoben.

Mit einer Videoaufnahme kann das Ausdrucksverhalten des Hundes beurteilt werden. Dadurch kann stressbedingtes Verhalten von Spielverhalten unterschieden werden und man kann feststellen, ob der Stress durch Angst oder durch Frust ausgelöst wird. Auch wenn Sie Videoaufnahmen machen, sollten Sie in Ihrem Hundetagebuch aufschreiben, ob der Hund unsauber war, gebellt hat oder etwas kaputt gemacht hat. Notieren Sie, wie lange der Hund alleine war, wann Sie mit ihm spazieren gegangen sind und ob es an dem Tag irgendwelche besonderen Ereignisse gab. Sie können dafür auch eine einfache Tabelle anlegen.

Die Tabelle auf S. 61 zeigt beispielhaft die Aufzeichnungen aus dem Tagebuch der Besitzerin eines Trennungsangsthundes. Über einen Zeitraum von drei Wochen stellte sich heraus, dass die Hündin relativ gut mit den vormittäglichen Abwesenheiten der Besitzerin klar kam, wenn diese zur Arbeit ging. Nach dem Wochenende zeigte sie montags, manchmal auch noch am Dienstag, leichte Trennungsangstsymptome. Wenn alles seinen gewohnten Gang ging, kam sie aber in der zweiten Wochenhälfte gut zurecht. Auch Trennungen zu anderen Zeiten während des Tages, wenn die Besitzerin den Hund zum Einkaufen oder für Arztbesuche nicht mitnehmen konnte, waren meist problemlos. Massiven Stress hatte die Hündin, wenn die Besitzerin abends ohne sie das Haus verließ. Außerdem reagierte sie sehr sensibel auf Veränderungen der täglichen Routine, wie eine verspätete Rückkehr der Besitzerin von der Arbeit oder morgendliche Hektik.

3.2.3. Verhalten bei der Heimkehr

Das Verhalten des Hundes bei der Heimkehr der Besitzer kann ebenfalls wichtige Hinweise auf die Ursachen des Alleinbleibeproblems liefern. Viele Trennungsangsthunde sind sehr aufgeregt, wenn ihre Besitzer nach Hause kommen. Dementsprechend fällt die Begrüßung häufig schon nach kurzen Abwesenheiten so aus, als wäre es ein Wiedersehen nach jahrelanger Trennung. Einige Hunde toben und schreien regelrecht und brauchen teilweise mehr als zehn Minuten, bis sie sich wieder halbwegs beruhigt haben.

Es gibt auch Hunde, die gar nicht zur Begrüßung an die Tür kommen. Das kann daran liegen, dass der Hund negative Erfahrungen damit verknüpft hat. Vielleicht ist ihm die schwungvoll geöffnete Tür mal an den Kopf geflogen oder er hat sich die Zehen schmerz-

Er hat Herrchens Auto gehört …

Tag + Datum	Alleine von – bis	Spaziergänge von – bis	Lautäußerungen	Zerstörung	Unsauber
Mi, 12.03.	07.45–12.20 Uhr	07.15–07.30 Uhr 12.20–12.50 Uhr 16.00–18.00 Uhr 22.25–22.30 Uhr	/	/	/
Do, 13.03.	07.45–12.20 Uhr	07.15–07.30 Uhr 12.20–12.50 Uhr 16.00–18.00 Uhr 22.25–22.30 Uhr	/	/	/
Fr, 14.03.	07.45–12.40 Uhr	07.15–7.30 Uhr 12.45–13.10 Uhr 16.00–18.00 Uhr 23.00–23.05 Uhr	bei Rückkehr schon im Treppenhaus bellen gehört. Nachbarin sagt hat ca. 10 Minuten gebellt	/	/
Mo, 17.03.	07.45–12.20 Uhr	07.25–7.40 Uhr (verschlafen) 12.20–12.50 Uhr 16.00–18 00 Uhr 22.25–22.30 Uhr	bellt und kratzt an der Tür beim Weggehen	Biomüll gelehrt, Kaffeesatz auf Flurteppich und Couch verteilt	/
Di, 18.03.	07.45–12.20 Uhr	07.15–07.30 Uhr 12.20–12.50 Uhr 16.00–18.00 Uhr 22.25–22.30 Uhr	Fiept beim Weggehen, laut Nachbarin bis kurz vor neun gebellt	/	/
Mi, 19.03. frei	10.30–13.00 Uhr Arztbesuch	08.00–09.30 Uhr 13.00–13.30 Uhr	/	/	/
Mi, 19.03.	19.00–22.15 Uhr Kino	17.30–18.30 Uhr 22.30–22.35 Uhr	heult wie ein Wolf bei Rückkehr, Nachbarin sagt, sie hat die ganze Zeit geheult	Teppich an der Tür weggekratzt, Tapete abgerissen	Pipi und 2 Haufen (weich) in der Küche

haft darunter geklemmt. Besonders für kleine Hunde können so sehr traumatische Erfahrungen entstehen. Auch Hunde, die die Heimkehr ihrer Besitzer mit Bestrafung in Verbindung bringen, zeigen oft kein – oder extrem unterwürfiges – Begrüßungsverhalten. Einige Hundebesitzer können schon am Verhalten ihres Hundes bei der Begrüßung erkennen, ob der Hund in ihrer Abwesenheit unsauber war oder etwas kaputt gemacht hat. Wenn alles in Ordnung ist, begrüßt er sie freudig und voller Begeisterung.

Kommt er dagegen mit eingeklemmtem Schwanz und angelegten Ohren angeschlichen, ist garantiert irgendwo ein Schaden entstanden. Die Besitzer sind dann meistens fest davon überzeugt, dass ihr Hund ein schlechtes Gewissen habe. Das ist ein Irrtum.

3.2.4. Verhalten, während wir daheim sind

Betrachten Sie einmal das Verhalten genauer, das Ihr Hund zeigt, während Sie zu Hause sind. Die Schwierigkeiten, die sich aus einer übermäßig engen Bindung des Hundes an den Menschen als Sicherheitsfaktor ergeben können, haben wir bereits im zweiten Kapitel besprochen. Aber es kann auch andere Probleme geben. Manche Hunde zeigen ein sehr ausgeprägtes Aufmerksamkeit heischendes Verhalten gegenüber Menschen. Sie wollen ständig gestreichelt werden, suchen dauernd Körperkontakt zum Besitzer oder schleppen ein Spielzeug nach dem anderen an. Sie beherrschen häufig eine ganze Reihe von Tricks, mit denen sie die Aufmerksamkeit ihrer Besitzer oder von Besuchern auf sich ziehen können. Wenn der ausdrucksvolle Blick und das leise

Hunde haben kein schlechtes Gewissen

 Das, was auf den ersten Blick so aussieht wie ein schlechtes Gewissen beim Menschen, ist einfach nur Beschwichtigungsverhalten. Hunde beschwichtigen, um ihr Gegenüber zu besänftigen und aggressives Verhalten des anderen zu hemmen. Beschwichtigungsverhalten gegenüber den Besitzern zeigen Hunde meistens, wenn sie sich direkt bedroht fühlen. Beschwichtigungsverhalten kann aber auch vorbeugend gezeigt werden, wenn der Hund gelernt hat, dass seine Besitzer in bestimmten Situationen aggressiv reagieren. Hat der Hund schon ein oder vielleicht sogar mehrmals die Erfahrung gemacht, dass sei-

ne Besitzer schlagartig schlechte Laune bekommen und über ihn herfallen, wenn Urin auf dem Teppich ist oder zerkaute Schuhe in der Wohnung herumliegen, wird er eventuell schon vorbeugend Beschwichtigungsverhalten zeigen, obwohl die Besitzer noch ganz entspannt sind, weil sie den Schaden bisher gar nicht entdeckt haben. Dabei ist es unerheblich, ob er den Schaden verursacht hat. Er beschwichtigt, weil er gelernt hat, dass Urin auf dem Teppich Aggression beim Besitzer auslöst. Würde irgendwer anders in Abwesenheit der Besitzer auf den Teppich pinkeln, würde der Hund sich bei deren Heimkehr genauso verhalten.

Seufzen nicht helfen, legen sie den Kopf auf das Knie, schieben ihre Schnauze unter die herabhängende Hand und kratzen dezent oder auch nachdrücklicher mit der Pfote am Bein. Reicht das nicht, bellen sie fordernd, rennen zur Terrassentür und tun so, als ob sie dringend raus müssten. Lässt man sie dann raus, wollen sie kurze Zeit später schon wieder rein, ohne das vorher so dringend erscheinende Geschäft erledigt zu haben. Manche klettern Besuchern auf den Schoß und notfalls bis auf die Schulter oder lecken sie von oben bis unten ab. Andere fangen an, Unsinn zu machen, wenn die normalerweise erfolgreichen Strategien nicht funktionieren. Sie suchen gebrauchte Taschentücher aus dem Papierkorb und zerpflücken sie vor den Augen der Besitzer, sie präsentieren stolz die geklaute Lesebrille oder Fernsehfernbedienung und spielen dann ein lustiges Nachlaufspiel mit dem erbosten Eigentümer der Gegenstände. Sie vereiteln jedes Gespräch mit Gästen oder Nachbarn, die man auf der Straße trifft, durch anhaltendes Gebell.

Bei vielen als »hyperaktiv« bezeichneten Hunden, ist der hohe Aktivitätslevel ein rein antrainiertes Verhalten. Die Aufmerksamkeit, die die Hunde mit ihrem hektischen Verhalten auf sich lenken können, dient ihnen als Belohnung. Aufmerksamkeit heischendes Verhalten kann regelrecht zur Sucht werden. Es entwickelt sich nicht bei Hunden, die wenig Beachtung bekommen. Ganz im Gegenteil. Gefährdet sind die Hunde, die jederzeit die Aufmerksamkeit ihrer Besitzer auf sich lenken können. Je mehr sie davon bekommen, desto mehr brauchen sie. Einige dieser Hunde nerven ihre Besitzer den ganzen Tag. Andere sind weitgehend problemlos, solange die Besitzer mit ihnen alleine sind. Sobald aber fremde Menschen dabei sind, benehmen sie sich unmöglich und zeigen alle erdenklichen unerwünschten Aufmerksamkeit heischenden Verhaltensweisen. Es gibt auch Hunde, die recht unabhängig sind und nur zu bestimmten Zeiten oder in ganz bestimmten Situationen die Aufmerksamkeit Ihrer Besitzer fordern. Sie kommen nur, wenn sie tatsächlich Gassi gehen müssen, ihre täglichen Streicheleinheiten abholen wollen, Hunger haben oder eine Runde Ball spielen wollen. Dann sind sie allerdings sehr nachdrücklich und kommen mit ihrem Verhalten jedes Mal zum Erfolg.

Aufmerksamkeit heischendes Verhalten kann in Form von erwünschten oder unerwünschten Verhaltensweisen gezeigt werden. Es wird durch jegliche Art von Beachtung durch den Menschen belohnt. Da schimpfen und strafen auch eine Form von Aufmerksamkeit sind, stellen selbst negative Reaktionen des Besitzers oder anderer anwesender Menschen eine Verstärkung für das Verhalten dar. Aufmerksamkeit heischendes Verhalten an sich, wenn es nicht im Übermaß oder in Form unerwünschter oder gefährlicher Verhaltensweisen gezeigt wird, muss kein Problem darstellen. Schließlich ist jede Art von Kommunikation im Prinzip ein Aufmerksamkeit heischendes Verhalten. Wenn Ihr Hund aber immer, wenn ihm danach ist, Ihre Aufmerksamkeit auf sich ziehen kann, wird er unter Umständen ein Problem entwickeln, wenn niemand zu Hause ist, um auf ihn zu reagieren. Bei dieser Art von Trennungsproblemen wird der Stress, den die Hunde während des Alleinbleibens zeigen, nicht durch Angst, sondern durch Frustration ausgelöst. Für die Behandlung solcher Probleme ist daher ein ganz anderer Ansatz notwendig.

3.3. Unser Hund hat ein Problem mit dem Alleinebleiben – Gründe und Ursachenforschung

Die meisten Hunde, die ein Problem mit dem Alleinebleiben haben, haben es einfach nie richtig gelernt. Entweder, weil ihre Besitzer nicht wussten, dass ein gezieltes Training dafür notwendig ist, oder, weil dieses Training falsch durchgeführt wurde. Welche Fehler dabei am häufigsten gemacht werden und wie man sie vermeiden kann, wird im vierten Kapitel genau beschrieben.

Es gibt allerdings auch Hunde, die schon längere Zeit problemlos alleine geblieben sind, und dann plötzlich ein Trennungsangstproblem entwickeln. Auslöser kann eine Erkrankung des Hundes sein, die eine intensive Pflege notwendig macht. Dadurch wird automatisch eine engere Bindung zwischen Hund und Besitzer aufgebaut, die dann zu Trennungsstress führen kann.

Auch Hunde, die schon längere Zeit problemlos alleine geblieben sind, können ein Trennungsangstproblem entwickeln.

Auch Phasen intensiveren Trainings mit dem Hund oder Krankheit, Arbeitslosigkeit bzw. Urlaub des Besitzers, können Trennungsprobleme auslösen. Alle Veränderungen im Leben, die durch mehr gemeinsam verbrachte Zeit eine Verstärkung der Bindung bewirken, können dazu führen, dass der Hund nicht mehr mit dem Alleinebleiben zurechtkommt.

Manche Hunde entwickeln nach einem Umzug Probleme mit dem Alleinebleiben. Das stressfreie Alleinebleiben in einer neuen Umgebung muss, wenn der Hund es nicht vorher schon gut generalisiert hatte, nach dem Einzug in die neue Wohnung noch einmal Schritt für Schritt trainiert werden. Insbesondere, wenn für die neue Wohnung auch neue Möbel angeschafft werden und kaum noch vertraute Gegenstände im Wohnumfeld für den Hund vorhanden sind.

Wenn Ihr Hund generell sehr unsicher oder ängstlich ist oder spezifische Ängste, beispielsweise vor lauten Geräuschen oder Gewitter, hat, müssen Sie diese Probleme in Angriff nehmen, bevor sie sich an die Frage des Alleinbleibens machen können. Lassen Sie sich von Ihrem Haustierarzt an eine spezialisierte tierärztliche Praxis für Verhaltenstherapie überweisen. Dort erhalten Sie fachkundige Hilfe. Das gilt auch für den Fall, dass Ihr Hund ein Aufmerksamkeitsjunkie ist und deshalb nicht mit dem Alleinebleiben klar kommt.

3.4. Plötzlich will der alte Hund nicht mehr alleine bleiben

Ich erinnere mich noch genau an den Sommerabend, als ich nach einem langen Seminartag über die Autobahn nach Hause fuhr. Meine vierzehn Jahre alte Hündin Rusty schlief hinter der Rücksitzbank meines Kombi. Ein aufziehendes Gewitter färbte den eben noch hellen Abendhimmel in kurzer Zeit nachtschwarz. Da ertönte aus dem Fond meines Autos ein durch Mark und Bein dringendes stereotypes Bellen, das in regelmäßigen Abständen in ein sirenenartig ansteigendes Heulen überging. Ein Blick in den Rückspiegel zeigte, dass Rusty aufgewacht war und hoch aufgereckt hinten im Wagen die eben beschriebenen Geräusche von sich gab. Wau! Wau! Wau! Wauuhuuuh. Wau! Wau! Wau! Wauuhuuuh. Wau! Wau! Wau! Wauuhuuuh, immer dieselbe Tonfolge. Drei stakkatohaft kurze Belllaute und dann ein lang gezogenes Heulen. Ich befürchtete zunächst, dass der Auslöser für das seltsame Verhalten Schmerzen oder ein Hirnschlag sein könnten. Die Erklärung war aber viel einfacher. Rusty hatte Trennungsangst. Sie war damals schon weitgehend taub und durch einen altersbedingten grauen Star fast blind. Wir waren seit dem Frühjahr, dank des zunehmenden Tageslichtes, nur noch im hellen Auto gefahren. Tagsüber, solange es hell genug war, reichte ihr Restsehvermögen aus. Als Rusty diesmal während der Fahrt wach wurde, und infolge der Fahrgeräusche und der plötzlichen Dunkelheit nicht mehr wahrnehmen konnte wo ich war, geriet sie in Panik. Nachdem ich auf dem nächsten Rastplatz die Rückbank des Autos umgeklappt hatte, damit der Hund direkt hinter mir sitzen und bei Bedarf Körperkontakt aufnehmen konnte, war alles wieder in Ordnung. Bis zum nächsten Winter hatte sie sich übrigens daran gewöhnt, im Dunkeln nichts mehr sehen zu können und ließ sich dadurch nicht mehr aus der Ruhe bringen.

Bei alten Hunden kann das Nachlassen der körperlichen Fitness zu einer starken Verunsicherung führen. Insbesondere das abnehmende Hör- und Sehvermögen, aber auch Herz-Kreislauf-Erkrankungen, chronische Schmerzen infolge von Arthrosen oder unbehandelten Zahnproblemen und generelle körperliche Schwäche durch nachlassende Organfunktionen können zu Trennungsangstproblemen führen. Im Alter erstmals auftretende Probleme mit dem Alleinebleiben können aber auch Hinweis auf ein beginnendes Demenzproblem sein. Wenn Ihr Hundesenior plötzlich nicht mehr alleine bleiben will, sollten Sie auf jeden Fall Ihren Tierarzt aufsuchen und eine gründliche klinische Untersuchung machen lassen. Es gibt für die meisten altersbedingten Erkrankungen wirksame Behandlungsmethoden, die eine hohe Lebensqualität über lange Zeit erhalten können. Auch alte Hunde können noch – oder wieder – lernen, stressfrei alleine zu bleiben, wenn ihr körperlicher Zustand dies zulässt. Wenn nicht, sollten Sie über Alternativen zum Alleinebleiben (s. Kapitel 5) nachdenken.

65

Probleme beim Alleinebleiben – was tun?

Was kann man als Hundebesitzer tun, wenn der Hund tatsächlich ein Trennungsangstproblem hat? Wenn Sie einen Welpen oder Junghund oder auch einen erwachsenen Hund haben, der einfach noch nicht gelernt hat, alleine zu bleiben, können Sie das Training mit Hilfe dieses Buches wahrscheinlich ganz alleine in Angriff nehmen. Allerdings nur unter der Voraussetzung, dass Sie mindestens ein halbes Jahr Zeit haben, bis das Alleinebleiben funktionieren muss.

Wenn Sie täglich in kleinen Schritten konsequent üben und alles nach Wunsch verläuft, können Sie Ihren Hund vielleicht schon nach drei oder vier Monaten stressfrei für ein paar Stunden allein zu Hause lassen. Sie sollten aber genug »Luft« lassen, um sich rechtzeitig professionelle Hilfe holen zu können, falls es unvorhergesehene Probleme gibt. Wenn Sie das Training alleine angehen und nach einigen Wochen merken, dass Sie insgesamt keine befriedigenden Fortschritte machen oder an einem bestimmten Punkt im Trainingsprogramm nicht weiterkommen, bitten Sie ihren Haustierarzt um eine Überweisung zu einem Spezialisten für Tierverhaltenstherapie. Machen Sie dann nicht einfach stur weiter, mit dem, was Sie bis dahin versucht haben. Sie vergeuden damit nicht nur wertvolle Zeit. Es besteht auch erhebliche Gefahr, dass Sie das Problem weiter verstärken, statt etwas zu seiner Verbesserung beizutragen.

4.1. Der menschliche Faktor – wie unser Verhalten den Hund beeinflusst

Unter Umständen sind Ihnen beim Lesen der ersten Kapitel schon einige Punkte aufgefallen, wo Sie Ihrem Hund unbewusst Dinge antrainiert haben, die dem stressfreien Alleinebleiben nicht förderlich sind. Ungefähr 90 % aller Hundebesitzer haben Abschieds- und Begrüßungsrituale mit ihren Hunden, die beim Weggehen und beim Nachhausekommen zu extrem aufgeregtem Verhalten seitens des Hundes führen bzw. dieses weiter aufrechterhalten. Sie befinden sich also in guter Gesellschaft, falls es bei Ihnen auch so ist. Natürlich entwickeln nicht alle Hunde deswegen ein Trennungsangstproblem. Bei Hunden, die dazu neigen, ist es aber auf jeden Fall notwendig, das eigene Verhalten in diesen Situationen zu verändern. Je mehr sich der Hund beim Weggehen oder bei der Heimkehr der Besitzer aufregt, desto größer ist die Gefahr, dass er während des Alleineseins Trennungsstress entwickelt.

Es gibt aber noch ein paar andere Punkte, die Sie beachten sollten, bevor Sie aus dem Haus gehen bzw. nachdem Sie wieder gekommen sind. Insbesondere wenn Ihr Hund schon eine Neigung zur Entwicklung von Trennungsstress bewiesen hat, sollten Sie die letzte halbe Stunde, bevor Sie aus dem Haus gehen wollen, so langweilig wie möglich für den Hund gestalten. Beachten Sie ihn in dieser Zeit möglichst gar nicht mehr. Jede Interaktion mit Ihnen weckt bei ihm die Hoffnung auf weitere spannende Unternehmungen. Er sollte aber so wenig wie möglich Interesse daran haben, mit Ihnen in Kontakt zu sein, wenn Sie das Haus verlassen. Wenn Sie noch einmal mit ihm Gassi gehen müssen, tun Sie es möglichst frühzeitig. Nicht erst fünf Minuten, bevor Sie los müssen. Füttern Sie ihn auch nicht unmittelbar, bevor Sie weggehen. Die meisten Trennungsstresshunde fressen dann sowieso nicht und das Futter wird ganz schnell zum Signal für das Weggehen des Besitzers.

Vergleichbare Regeln gelten auch für die Zeit nach Ihrer Rückkehr. Am besten gehen Sie mit einem kurzen »Hallo« am Hund vorbei, ziehen die Schuhe aus, packen Ihre Einkäufe weg oder kochen sich einen Kaffee und legen die Füße hoch. Falls Sie so lange weg waren, dass Ihr Hund dringend sein Geschäft erledigen muss, gehen Sie nur für eine kurze, langweilige Gassirunde vor die Tür. Ansonsten ist zu Hause zunächst Langeweile angesagt. Erst wenn wirklich Ruhe eingekehrt ist und der Hund seit mindestens fünf Minuten **entspannt** in seinem Körbchen oder zu Ihren Füßen liegt, ist es eventuell Zeit für eine Kuschel- oder Spielrunde, einen größeren Spaziergang, die nächste Fütterung oder andere schöne Dinge. Geben Sie Ihrem trennungsängstlichen Hund so wenig Anlass wie möglich, sich auf Ihre Heimkehr zu freuen. Er tut es sowieso. Wenn dann aber auch noch alle tollen Erlebnisse des Tages unmittelbar nach Ihrer Rückkehr passieren, wird er diesen Moment mit höchster Spannung erwarten. Es fällt ihm dadurch viel schwerer, **entspannt** alleine zu bleiben.

Je langweiliger die Zeit bevor Sie weggehen und nach dem Sie wieder gekommen sind für den Hund ist, desto geringer ist die Gefahr, dass der Hund in Ihrer Abwesenheit Trennungsstress entwickelt.

Wie haben Sie bisher reagiert, wenn Ihr Hund unsauber war, etwas kaputt gemacht hat oder gebellt hat, wenn Sie in einem anderen Raum oder ganz außer Haus waren? Haben Sie mit ihm geschimpft oder ihn dafür bestraft? Eine Strafe, die mehr als eine Sekunde nach dem unerwünschten Verhalten kommt, kann der Hund nicht mehr mit dem von Ihnen gemeinten Verhalten verknüpfen (s. Kapitel 2). Bestrafen Sie den Hund nach Ihrer Heimkehr für etwas, was er irgendwann während Ihrer Abwesenheit getan hat, wird er dadurch niemals lernen,

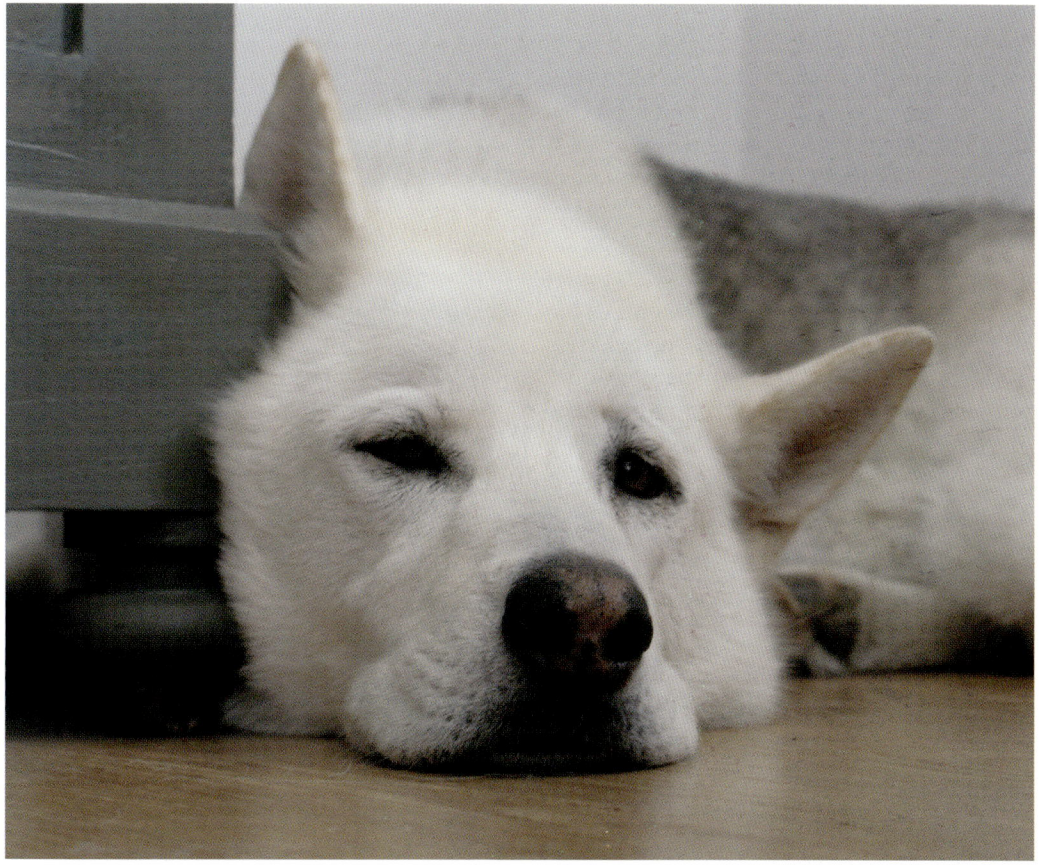

Je langweiliger Sie vor dem Weggehen und nach der Heimkehr für den Hund sind, desto geringer ist die Gefahr, dass er Trennungsstress entwickelt.

das unerwünschte Verhalten zu unterlassen. Viel schlimmer ist allerdings, dass Sie damit sein Vertrauen in Sie zerstören können. Je öfter er die Erfahrung macht, dass Sie aggressiv reagieren, wenn Sie nach Hause kommen, desto größer wird sein Stress beim Alleinebleiben. Das Problem wird also immer schlimmer statt besser. Bestrafen Sie ihn nie wieder nachträglich, wenn Sie möchten, dass er lernt, stressfrei alleine zu bleiben.

Eine Familie mit einem sehr netten Irischen Setter musste diese Lektion auf die harte Tour lernen. Der Hund war fünf Jahre alt und ein absolut problemloser Familienhund. Er war von klein auf regelmäßig sechs Stunden am Vormittag alleine geblieben, als die Katastrophe passierte. Obwohl sich im Leben der Familie und des Hundes absolut nichts verändert hatte, entwickelte der Hund von einem Tag auf den nächsten ein massives Problem beim Alleinebleiben. Er wurde schlagartig unsauber. Die Besitzer konnten es nicht begreifen. Selbst im Welpenalter hatte es keine Probleme beim Sauberkeitstraining gegeben und auf einmal konnten sie nicht mal mehr fünf Minuten aus dem Haus gehen, ohne dass der Hund in die Wohnung machte. Sie waren völlig verzweifelt.

Was war passiert? Die Lösung des Problems war in diesem Fall sehr einfach. Der Hund hatte eines Tages, während der Abwesenheit der Besitzer Durchfall bekommen. Da er nicht raus konnte, musste er notgedrungen in der Wohnung sein Geschäft erledigen. Als die Besitzerin nach Hause kam und gleich beim Öffnen der Haustür die Schweinerei auf dem Teppich

entdeckte, schimpfte sie ganz fürchterlich mit dem Hund und drückte seine Nase in die Bescherung. Von dem Moment an, machte der Hund jedes Mal in die Wohnung, wenn er alleine gelassen wurde.

Warum? Betrachten wir das Ganze mal aus der Sicht des Hundes. Es geht ihm an diesem Tag nicht gut, während er alleine ist. Da er normalerweise sehr sauber ist, entwickelt er erheblichen Stress, als er merkt, dass er dringend muss und niemand da ist, um mit ihm rauszugehen. Schließlich kann er den Durchfall nicht mehr halten und macht auf den Teppich. Irgendwann kommt seine Besitzerin nach Hause und verwandelt sich vor seinen Augen in eine lebensgefährliche »Irre«, die sich ohne erkennbaren Grund auf ihn stürzt und scheinbar versucht, ihn umzubringen. Das Erlebnis war für den sensiblen Hund so traumatisch, dass er, nach fünf Jahren harmonischen Zusammenlebens, von dem Tage an solche Angst vor der Heimkehr der Besitzer hatte, dass er die Kontrolle über seine Darmfunktion verlor, sobald diese das Haus verließen. Die Familie hatte Glück im Unglück. Nachdem sie die Zusammenhänge begriffen hatten und aufhörten, den Hund beim Nachhausekommen zu bestrafen, dauerte es nur drei Tage, bis er wieder problemlos Alleinebleiben konnte.

In vielen Fällen haben solche falsch durchgeführten Strafen leider wesentlich hartnäckigere Auswirkungen auf das Verhalten der Hunde. Sie können die Beziehung zwischen Hund und Besitzer erheblich belasten, weil das Vertrauensverhältnis nachhaltig gestört wird. Oder würden Sie jemandem vertrauen,

der gelegentlich ohne für Sie erkennbaren Grund ausrastet und über Sie herfällt?

Vielleicht sind Sie immer noch davon überzeugt, dass Ihr Hund ein schlechtes Gewissen hat, wenn er Sie mit offensichtlich ängstlichem oder unterwürfigem Verhalten begrüßt, nachdem er in Ihrer Abwesenheit etwas angestellt hat. Eine Hundebesitzerin hat sich auch erst von dieser Überzeugung verabschieden können, als ihre Hunde ihr selber bewiesen haben, dass sie sich geirrt hatte.

Sie besaß vier Hunde, von denen einer gelegentlich unsauber war, wenn sie nicht zu Hause war. Sie war fest davon überzeugt, dass der Übeltäter die zuletzt aus dem Tierheim übernommene Hündin sein musste. Zum einen waren die anderen drei vorher immer sauber gewesen und zum anderen hatte diese Hündin gleich beim ersten Mal, als es passiert war, wie das personifizierte schlechte Gewissen ausgesehen, als die Besitzerin den nassen Fleck entdeckt und sie mit donnernder Stimme gefragt hatte, wer das wohl gewesen sei.

Dann passierte es eines sonntagsvormittags, während die Besitzerin im Haus war. Sie war früh wach geworden und nach unten in die Küche gegangen, während die Hunde noch oben im Schlafzimmer schliefen. Auf dem Rückweg entdeckte die Besitzerin im Wohnzimmer einen frischen Fleck auf dem Teppich. Sie stürmte wutentbrannt schimpfend die Treppe hinauf und fand in ihrem Bett drei schlotternde Hunde vor, die sich in die Ecke drückten. Mitten in ihrer Schimpftirade viel ihr auf, dass nicht nur die verdächtigte Übeltäterin, sondern auch die anderen beiden Hunde aussahen, als hätten sie ein schlechtes Gewissen. Dabei war ganz eindeutig nur ein Fleck auf dem Teppich. Sie hörte auf zu schimpfen und überlegte, was das bedeuten könnte. In dem Augenblick kam, fröhlich mit dem Schwanz wedelnd und ganz entspannt, die vierte Hündin hinter ihr durch die Schlafzimmertür. Da fiel ihr ein, dass sie diese Hündin unten gesehen hatte, als sie schimpfend nach oben gestürmt war. Der Fleck auf dem Teppich konnte nur von ihr stammen, die anderen drei waren noch gar nicht unten gewesen. Es stellte sich dann heraus, dass die Hündin eine leichte chronische Blasenentzündung hatte und deswegen angefangen hatte, gelegentlich ins Haus zu machen. Nach einer entsprechenden Behandlung trat das Problem nicht mehr auf und die Besitzerin sah das Verhalten ihrer Hunde danach mit ganz anderen Augen.

Hundebesitzer, denen das Problem des richtigen Timings für Strafen bewusst ist, sind schon auf die Idee gekommen, sich hinter der Tür auf die Lauer zu legen, wenn der Hund beim Alleinebleiben Krach macht. Sobald der Hund anfängt zu bellen, schimpfen sie entweder durch die Tür oder sie gehen hinein und stauchen den Hund dort zusammen. Meist erreichen sie damit nach einigen Wiederholungen, dass der Hund still ist, bis die Besitzer außer Hörweite sind. Der Hund lernt, dass es nicht empfehlenswert ist, seinem Trennungsstress durch Bellen Ausdruck zu geben, solange die Besitzer noch in der Nähe sind. Das Grundproblem der Trennungsangst wird dadurch aber nicht verbessert.

4.2. Kein Erfolg ohne vernünftiges Situationsmanagement

Wenn Sie an dem Trennungsangstproblem Ihres Hundes arbeiten wollen, sollte er, bis zum erfolgreichen Abschluss des Trainings, nicht allein zu Hause gelassen werden. Jedes Mal, wenn er wieder eine Angsterfahrung mit dem Alleinebleiben in Ihrer Wohnung macht, wirft es Sie im Training ein ganzes Stück zurück. Wenn Sie während der Trainingsphase irgendwohin müssen, wo er nicht mitkommen kann, brauchen Sie eine Unterbringungsmöglichkeit für ihn. Falls Ihr Hund im Auto problemlos alleine bleibt, können Sie es in der kühleren Jahreszeit für kürzere Trennungszeiten vielleicht als Übergangslösung nutzen. Beachten Sie aber auf jeden Fall die Hinweise zu diesem Thema im zweiten Kapitel. Wenn das Auto nicht in Frage kommt, müssen Sie eine Betreuungsmöglichkeit für Ihren Hund für diese Zeiten organisieren (s. Kapitel 5).

4.2.1. Ist es eine Lösung, den Hund zur Schadensvermeidung wegzusperren?

Einige Hundebesitzer sperren den Hund während ihrer Abwesenheit im Bad oder im Flur ein, weil er dort relativ wenig Schaden anrichten kann. Hausbesitzer nutzen eventuell den Keller oder einen Zwinger im Garten für diesen Zweck. Wenn diese Räume ausreichend groß und hell sind, es darin weder zu warm, noch zu kalt wird und der Hund sich auch alleine gerne dort aufhält, ist dagegen nichts einzuwenden. Das setzt allerdings ein entsprechendes Gewöhnungstraining voraus. Bei Räumen, die

– je nach Größe des Hundes – kleiner als sechs bis zehn Quadratmeter sind, gelten allerdings dieselben Einschränkungen wie bei der Hundebox. Sie sind für längere Trennungszeiten nicht geeignet. Den Hund, ohne vorheriges Gewöhnungstraining, irgendwo einzusperren, verstärkt sein Trennungsstressproblem und ist deswegen keine Lösung.

4.2.2. Sind Antibellhalsbänder bei Trennungsstress sinnvoll?

Findige Menschen in der Hundezubehörindustrie haben schon vor Jahren das Problem erkannt, dass der Hundebesitzer keine Möglichkeit hat, unerwünschtes Bellen, Jaulen oder Heulen seines Hundes zu beeinflussen, wenn er außer Haus ist. Sie haben dafür eine technische Lösung gesucht und die so genannten Antibellhalsbänder erfunden. In diese Halsbänder ist ein Mikrophon integriert, das auf Lautäußerungen des Hundes anspricht und einen Strafimpuls auslöst. Es gibt Halsbänder, die als Strafe einen Stromimpuls benutzen, bei anderen wird mit einem Sprühstrahl Wasser oder ein Duftstoff oder einfach nur Druckluft freigesetzt. Dieser Impuls soll das Verhalten des Hundes im genau richtigen Moment unterbrechen und damit den gewünschten Lernerfolg garantieren. Das erscheint auf den ersten Blick sehr einleuchtend.

Trotzdem sind diese Halsbänder für den Einsatz bei Trennungsangst vollkommen ungeeignet, da sie die Motivation des Hundes für

Wegsperren ohne vorheriges Gewöhnungstraining verstärkt die Probleme ...

das unerwünschte Lautäußerungsverhalten völlig vernachlässigen. Hunde mit Trennungsangst bellen, jaulen oder heulen, weil sie Stress haben, wenn sie alleine gelassen werden. Bei der Bestrafung eines Verhaltens wird aber zusätzlich Stress ausgelöst. Strafen sind daher grundsätzlich nicht geeignet, um angstbedingtes Verhalten zu verbessern. Die Antibellhalsbänder bewirken vielleicht im Einzelfall tatsächlich, dass der Hund nicht mehr bellt. Dafür wird sich der, durch die Strafimpulse noch verstärkte Stress beim Alleinebleiben, dann in anderer Form äußern. Das Problem wird also einfach nur verlagert, gleichzeitig aber meistens auch verstärkt.

Merke:

 Im Zusammenhang mit Trennungsangstproblemen sind Strafen auch dann kontraproduktiv, wenn sie in dem Moment erfolgen, in dem der Hund das unerwünschte Verhalten zeigt.

Die Antibellhalsbänder sprechen teilweise auch auf laute Außengeräusche an. Besonders fatal ist das, wenn Sie einen Hund haben, der sowieso geräuschempfindlich ist. Wenn er das Halsband trägt, wird er nicht nur für etwas bestraft, was er gar nicht beeinflussen kann. Er macht eventuell auch wiederholt unangenehme Erfahrungen im Zusammenhang mit lauten Geräuschen. Seine Unsicherheit im Bezug auf solche Geräusche wird dadurch natürlich verstärkt.

Vor Jahren habe ich einen Hund kennen gelernt, der ganz offensichtlich Gefallen an dem Citronelladuft seines Antibellhalsbandes gefunden hatte. Ein paar Tage nach der Anschaffung des Gerätes kam seine Besitzerin nach Hause und hörte den Hund, trotz umgelegten Halsbandes, schon im Treppenhaus bellen. Allerdings klang das Bellen irgendwie anders als sonst. Es gelang ihr, sich vom Hund unbemerkt in die Wohnung zu schleichen. Dort beobachtete sie, wie er immer mal wieder einen Belllaut ausstieß und anschließend mit verzücktem Gesichtsausdruck den dadurch ausgelösten Duftstoß inhalierte. Sobald der Duft verflogen war, bellte er wieder einmal und widmete sich danach dem Schnüffelerlebnis. Er war so vertieft in sein Tun, dass er noch nicht einmal die Rückkehr seiner Besitzerin bemerkte. Den Speichertank des Halsbandes hatte er schon fast leer gebellt und geschnüffelt. Dieser Hund war mit seinem Antibellhalsband nicht zusätzlich gestresst. Im Gegenteil, er hatte dadurch die Möglichkeit gefunden, seinen Trennungsstress in einem, für ihn offensichtlich sehr angenehmen, Suchtverhalten zu kanalisieren. Da das Gerät aber weder den Trennungsstress an sich, noch das von den Nachbarn monierte Bellen beseitigt hatte, landete es dann doch in der Mülltonne. Vermutlich sehr zum Bedauern des Hundes.

4.2.3. Kann ein Maulkorb das unerwünschte Verhalten während meiner Abwesenheit verhindern?

Gelegentlich wird empfohlen, dem Hund während der Abwesenheit der Besitzer einen Maulkorb anzuziehen, damit er nicht bellt und auch nichts kaputt machen kann. Wenn der Hund den Maulkorb mehr als fünf Minuten lang tragen soll, muss er so beschaffen sein, dass er damit normal hecheln und Wasser trinken kann. Das bedeutet gleichzeitig, dass er damit selbstverständlich auch bellen kann. Wenn der Maulkorb in Ihrer Abwesenheit getragen werden soll, muss der Hund über längere Zeit gut daran gewöhnt werden, sonst löst das Tragen des Maulkorbes zusätzlichen Stress aus und verschlimmert die Situation. Ein passender, gut auftrainierter Korbmaulkorb aus Plastik, Leder oder Draht, den der Hund stressfrei für mehrere Stunden tragen kann, verhindert das Zerbeißen von Gegenständen. Alle anderen durch Trennungsstress bedingten Verhaltensweisen werden davon nicht positiv beeinflusst. Dafür müssen Sie aber damit rechnen, dass der Hund sich, wenn er seinen Trennungsstress nicht mehr über Kauen abreagieren kann, ein anderes Ventil dafür sucht. Mit so einer Verlagerung der Symptome ist aber letztendlich auch niemandem geholfen.

laufen. Dann kann es sein, dass sie für den Hund ein Sicherheitssignal darstellen und verhindern, dass er Trennungsstress entwickelt. Leider funktioniert das nur bei relativ wenigen Hunden. Es ist aber möglich, ganz gezielt beispielsweise eine bestimmte Musik als Entspannungssignal aufzubauen. Dazu müssen Sie über einen Zeitraum von einigen Wochen diese Musik immer dann abspielen, wenn der Hund in ihrer Anwesenheit ganz entspannt ist. Meistens bieten sich dazu die Abendstunden an, wenn der Hund müde, satt und ausgetobt ist. Die Verknüpfung von Musik und entspanntem Einschlafen oder Kuscheln muss in der Regel über mindestens sechs bis acht Wochen erfolgt sein, bevor sie als Entspannungssignal zum Einsatz kommen kann. Eine ruhige, entspannende Musik ist besser geeignet, als Radio oder Fernseher, weil bei diesen Medien zwischendurch oft Geräusche zu hören sind, die den Hund erschrecken oder anderweitig Aufregung auslösen können.

Achtung:

 Den Hund mit einem Maulkorb alleine zu lassen, der eng genug anliegt, um das Bellen zu verhindern, ist Tierquälerei und kann im Sommer schnell tödlich enden.

4.2.4. Sollen wir das Radio oder den Fernseher anschalten, wenn wir den Hund alleine lassen?

Das ist nur dann sinnvoll, wenn die Geräte auch während Ihrer Anwesenheit ständig

4.3. Spezielle Aspekte beim Training von Hunden mit Trennungsangst

Ist bei Ihrem Hund bereits ein Trennungsangst-problem etabliert, d.h. haben Sie ihn schon des Öfteren alleine gelassen, obwohl er dabei Symptome von Trennungsangst gezeigt hat? Wenn Sie außerdem festgestellt haben, dass er Ihre üblichen Vorbereitungen zum Verlassen des Hauses schon als Signal zum Aufbruch ver-knüpft hat (s. Kapitel 3, Verhalten beim Wegge-hen), können Sie nicht einfach damit loslegen Trennungszeiten neu aufzutrainieren. Sie müs-sen zuerst erreichen, dass Ihr Hund sich nicht mehr aufregt, wenn er Ihre Vorbereitungen zum Weggehen bemerkt.

4.3.1. Schlüssel, Jacke, Handtasche – Aufbruchssignale abtrainieren

Springt Ihr Hund sofort auf und rennt zur Tür, wenn Sie Ihre Schuhe anziehen, den Schlüssel in die Hand nehmen oder zur Jacke greifen? Ei-ner der ersten Schritte beim Training von Hun-den mit Trennungsangst ist das Abtrainieren von ungewollt gelernten Aufbruchssignalen. Dazu müssen Sie alle Punkte, die Sie sich dazu notiert haben (s. Kapitel 3, Verhalten beim Weggehen) einzeln abarbeiten. Ist beispiels-weise der Schlüssel ein Signal, auf das Ihr Hund mit Aufregung reagiert, sollten Sie mindestens zehn bis zwanzig Mal am Tag den Schlüssel in die Hand nehmen, ein Weilchen mit sich herum-tragen und dann wieder weglegen. Zeigt der Hund dabei aufgeregtes Verhalten, rennt zur Haustür, bellt oder springt an Ihnen hoch, igno-rieren Sie das bitte vollständig. Machen Sie das so lange, bis der Hund sich daran gewöhnt hat und den Schlüssel nicht mehr mit dem Weg-gehen in Verbindung bringt. Der Schlüssel als Aufbruchssignal ist dann gelöscht worden. Als Nächstes löschen Sie in derselben Weise seine Verknüpfung zwischen Weggehen und Schu-heanziehen, Handtaschenehmen und all den anderen Dingen, die auf Ihrer Liste stehen.

Zur Erinnerung:

 Ignorieren heißt:
nicht ansehen, nicht ansprechen, nicht anfassen.

Je öfter Sie diese Dinge am Tag tun, ohne an-schließend aus dem Haus zu gehen, desto schneller werden Sie den gewünschten Effekt erreichen. Wichtig ist, dass Sie diese Übungen einfach in den Alltag einbauen. Machen Sie den Hund auf keinen Fall darauf aufmerksam, dass Sie jetzt die Handtasche oder den Schlüs-sel nehmen. Tun Sie es aber auch nicht heim-lich. Tun Sie es einfach! Immer wieder! Bis der Hund sich nicht mehr dafür interessiert. Wenn er es nicht mehr wahrnimmt oder zumindest nicht mehr erkennbar darauf reagiert, haben Sie ihr Ziel erreicht.

Wenn Sie alle Aufbruchssignale Ihrer Liste in dieser Form einzeln abgearbeitet haben, set-

zen Sie sie wieder zusammen. Jetzt nehmen Sie also zwanzig Mal am Tag die Schlüssel und ziehen sich anschließend die Schuhe an. Funktioniert das, ohne dass der Hund sich dafür interessiert, können Sie auch noch die Jacke dazu anziehen. Auf diese Weise koppeln Sie Schritt für Schritt das gesamte Ritual an Aufbruchsvorbereitungen von dem eigentlichen Akt des Weggehens ab. Jetzt können Sie anfangen, Ihr neues Signal für »Du bleibst hier« bzw. »Du kommst mit« zu etablieren.

Wenn Ihr Hund keine übermäßig enge Bindung zu Ihnen hat, können Sie nun mit den in Kapitel 2.3.4. beschriebenen Übungen zum Alleinebleiben beginnen. Gehen Sie dabei zunächst ohne weitere Vorbereitungen zur Tür, um diese zu öffnen und wieder zu schließen. Erst, wenn Ihr Hund sich dafür nicht mehr interessiert, können Sie anfangen, mit dem Schlüssel in der Hand zur Tür zu gehen oder vorher die Schuhe anzuziehen. Wenn Sie das Trainingsprogramm im Sommer machen, müssen Sie, weil Sie für gewöhnlich leichter bekleidet das Haus verlassen, natürlich weniger Aufbruchssignale abtrainieren, als im Winter.

4.3.2. Die Beziehung neu definieren – übermäßige Bindung abbauen

Hängt Ihr Hund Ihnen ständig am Rockzipfel, wenn Sie zu Hause sind, obwohl er dem Welpenalter längst entwachsen ist? Das kann verschiedene Ursachen haben. Wenn der Hund noch nicht lange bei Ihnen ist, braucht er wahrscheinlich einfach mehr Zeit, um sich einzugewöhnen. In dem Fall können Sie sich an die Empfehlungen zur Eingewöhnung von Welpen

im zweiten Kapitel halten. Sie funktionieren auch bei älteren Hunden. Lebt der Hund schon länger bei Ihnen, haben Sie sein anhängliches Verhalten vielleicht bewusst oder unbewusst gefördert, indem Sie ihn dafür beachtet oder anderweitig belohnt haben, dass er sich ständig in Ihrer Nähe aufhält. Wenn das der Fall ist, sollten Sie einfach die in Kapitel 2.2. beschriebenen Übungen zur Förderung der Selbstständigkeit durchführen.

Es ist übrigens durchaus möglich, den Hund draußen eng an den Hundebesitzer zu binden und trotzdem zu Hause die Selbstständigkeit zu fördern. Bei Hunden, die dazu neigen, sich beim Spaziergang selbstständig zu machen, ist das auch durchaus empfehlenswert. Ähnliches gilt für Hunde, die intensiv im Sport oder in der Rettungshundearbeit trainiert werden, aber auch für Blindenführhunde oder Diensthunde, die im Haushalt des Hundeführers leben. Allerdings gilt auch hier, dass man nicht zwei Aspekte einer Übung auf einmal trainieren kann. Sie müssen sich also entscheiden, ob es Ihnen zu einem bestimmten Zeitpunkt wichtiger ist, am stressfreien Alleinebleiben zu arbeiten oder ob andere Aspekte des Trainings, die zu einer Verstärkung der Bindung führen, gerade Vorrang haben.

Ist die übermäßige Abhängigkeit Ihres Hundes Folge von Angstproblemen, Krankheiten oder altersbedingten Problemen, ist der Erfolg so eines Abnabelungstrainings davon abhängig, wie stark die auslösenden Probleme das Verhalten des Hundes weiterhin beeinflussen bzw. wie gut man sie behandeln kann. In diesen Fällen sollten Sie auf jeden Fall Ihren

Tierarzt zu Rate ziehen und sich gegebenenfalls zu einem Verhaltensspezialisten überweisen lassen.

Gelegentlich gibt es Situationen, wo nicht in erster Linie der Hund, sondern vor allem der Besitzer die enge Bindung zu seinem Tier braucht. Vielleicht weil er gerade erst einen menschlichen Partner verloren hat, selber schwer krank ist oder aus anderen Gründen die enge Beziehung zum Hund für ihn oder sie zu dem Zeitpunkt wirklich wichtig ist. Das ist vollkommen in Ordnung. Allerdings dürfen Sie Ihren Hund dann auch nicht alleine lassen. Wenn er kein Problem damit hat, bei anderen Menschen zu bleiben, können Sie eine der im nächsten Kapitel aufgeführten Möglichkeiten nutzen, wenn Sie mal nicht selber bei ihm sein können. Falls Ihr Hund allerdings so ausschließlich auf Sie fixiert ist, dass er selbst bei ihm bekannten Personen nicht bleiben kann, wenn Sie nicht dabei sind, sollten Sie darüber nachdenken, was aus ihm werden soll, wenn Sie z.B. ins Krankenhaus müssen oder eines Tages gar nicht mehr für ihn da sein können. Sie können ihm helfen, mit Menschen aus Ihrem Lebensumfeld eine Beziehung aufzubauen, damit er stressfrei dort bleiben kann, wenn es einmal notwendig sein sollte.

Genau wie beim Welpen gilt auch bei erwachsenen Hunden, Sie können das Alleinebleiben erst trainieren, wenn Ihr Hund Ihnen, wenn Sie zu Hause sind, nicht mehr ständig am Rockzipfel hängt. Erst wenn er freiwillig bereit ist, sich auch mal in einem anderen Teil der Wohnung aufzuhalten, während Sie daheim sind, können Sie beginnen, Trennungszeiten aufzubauen.

4.3.3. Wie klein ist der kleinstmögliche Trainingsschritt?

Viele Hundebesitzer, die zur Verhaltenstherapie überwiesen werden, weil ihr Hund nicht Alleinebleiben kann, haben vorher schon versucht, das Alleinebleiben zu trainieren. Oft haben sie schon gelesen oder von Bekannten oder dem Ausbilder ihrer Hundeschule gehört, dass man dabei mit kurzen Zeiten anfangen und dann die Trennungszeiten langsam verlängern soll. Manche haben sogar schon von ihrem Tierarzt Tabletten gegen Trennungsangst und eine Broschüre bekommen, wo die wichtigsten Übungen dazu drinstehen. Sie berichten dann ganz verzweifelt, dass sie seit Wochen, oft sogar schon seit mehreren Monaten, nach diesen Empfehlungen üben – ohne Erfolg. Fragt man dann genauer nach, wie der Ablauf dieser Übungen aussieht, stellt sich meistens heraus, dass die einzelnen Trainingsschritte viel zu groß gewählt wurden.

Viele fangen mit fünf Minuten Trennung an. Wenn Ihr Hund aber noch keine fünf Minuten alleine bleiben kann, hilft es überhaupt nichts, wenn Sie fünf Minuten mit zusammengebissenen Zähnen hinter der Haustür stehen, während der Hund drinnen verzweifelt schreit und tobt. Für den Hund bestätigt sich lediglich mit jeder Übung, dass es ganz furchtbar ist, wenn seine Besitzer aus der Tür gehen. Wenn Sie ihn dann auch noch dafür bestrafen, dass er drinnen randaliert, verstärkt sich sein Trennungsstress zusätzlich und die Beziehung zu Ihnen wird stark belastet. Gleichzeitig lernt er, dass Sie zurückkommen, wenn er nur lange genug Randale macht. Selbst wenn Sie ihn dann ausschimpfen oder bestrafen, überwiegt für

ihn die Erleichterung über Ihre Rückkehr. Um diesen ungewollten Belohnungseffekt auszuschließen, dürften Sie nur zu ihm zurückgehen, wenn er gerade still ist. Er hätte dabei aber trotzdem noch Stress, während Sie weg sind. Nur die zusätzliche Belohnung für sein unerwünschtes Verhalten würde wegfallen. Das Problem dabei ist, dass Sie damit bestenfalls erreichen, dass der Hund irgendwann aufgibt und in eine erlernte Hilflosigkeit verfällt, wenn Sie ihn alleine lassen. Es gibt auch Hunde, die stundenlang ohne Luft zu holen durchbellen. Da haben Sie dann gar keine Gelegenheit, das Stillsein zu belohnen, indem Sie zum Hund zurückgehen, wenn er gerade nicht bellt.

Um zu erreichen, dass der Hund lernt, entspannt und stressfrei alleine zu bleiben, muss der erste Trainingsschritt so klein sein, dass der Hund dabei nicht in Stress gerät. Wenn Sie aus Erfahrung wissen, dass Ihr Hund, wenn Sie zehn Minuten weg waren, jedes Mal ganz entspannt war, wenn Sie nach Hause gekommen sind, können Sie das Training mit zehn Minuten anfangen. Vielleicht können Sie zum Briefkasten gehen, ohne dass der Hund anfängt zu bellen oder etwas zu zerstören. Wie lange dauert das? Eine Minute, zwei oder vielleicht sogar fünf Minuten? Wenn Sie in die Wohnung zurückkommen und Ihr Hund hat noch gar nicht mitgekriegt, dass Sie weg waren, können Sie das als Basiswert für Ihr Training nehmen. Wartet er hinter der Wohnungstür auf Sie oder begrüßt er Sie, als wären Sie stundenlang weg gewesen, war die Zeit schon zu lang.

Falls Sie gar nicht aus der Wohnungstür gehen können, ohne dass der Hund sich aufregt,

müssen Sie erstmal diesen Punkt erreichen (s. Kapitel 4.3.1.), bevor Sie sich an den Aufbau von Trennungszeiten machen können. Dabei fangen Sie dann mit einer oder zwei Sekunden geschlossener Tür an. Stressfreies Alleinebleiben kann man nur erfolgreich üben, wenn der Hund bei den Übungen nicht in Stress gerät. Das mag Ihnen übertrieben und mühselig vorkommen, es gibt dabei aber keine Abkürzung. Wenn Sie beim Training merken, dass Sie zu schnell vorgegangen sind oder einen Übungsschritt zu groß gewählt haben, gehen Sie sofort zu dem Schritt zurück, der noch gut funktioniert hat. Festigen Sie den noch einmal für einige Tage. Machen Sie dann erst den nächsten Schritt und wählen Sie ihn so klein wie irgend möglich. Klappt es wieder nicht, holen Sie sich professionelle Hilfe. Je öfter Sie wieder zurückrudern müssen, weil Sie zu schnell vorgegangen sind, desto nachhaltiger festigen Sie das Trennungsangstproblem Ihres Hundes. Wenn Sie das oft genug wiederholen, lässt es sich irgendwann gar nicht mehr beheben.

Sie fragen sich vielleicht, warum es dann Leute gibt, die behaupten, damit Erfolg gehabt zu haben. Es gibt verschiedene Erklärungen dafür. Erstens haben wir in Jahrtausenden der Hundezucht ganz gezielt immer wieder Hunde ausgewählt, die auch unter den widrigsten Umständen in der Lage waren, sich an menschliche Erwartungen anzupassen. Dazu gehört auch die Fähigkeit, trotz der oft völlig ungeeigneten Erziehungsmethoden ihrer Besitzer irgendwann zu begreifen, was erwünscht ist. Zweitens geben manche Hunde irgendwann einfach auf, wenn ihre Versuche, die Besitzer zurückzurufen, immer wieder scheitern.

Darauf beruht auch der »Erfolg« der alten Empfehlung, die Welpen einfach die ersten Nächte durchschreien zu lassen. Wenn die Besitzer lange genug durchhalten, hören die meisten Hunde tatsächlich irgendwann auf. Sie sind dann allerdings nicht entspannt beim Alleinebleiben, sondern depressiv. Sie befinden sich, wenn sie alleine gelassen werden, in einem Zustand der erlernten Hilflosigkeit. Da alles, was Sie versucht haben, um die für Sie hochgradig Angst auslösende Situation zu verändern, erfolglos war, haben sie sich in ihr ausweglosen Schicksal ergeben. Das Alleinesein löst immer noch hochgradigen Stress

bei ihnen aus. Es fällt nur nicht mehr auf, weil niemand mehr dadurch belästigt wird.

Drittens kann das Ignorieren oder Bestrafen unerwünschten Verhaltens beim Alleinebleiben im Einzelfall tatsächlich funktionieren. Allerdings nur, wenn die Motivation für das unerwünschte Verhalten Frust und nicht Angst ist und der Hund eine normale Frustrationskontrolle hat und das Problemverhalten noch nicht über längere Zeit etabliert ist. Die Fälle, auf die das alles zutrifft, sind aber eher selten.

Manchmal wird auch empfohlen, dem Hund »Platz und Bleib« beizubringen. Sobald das klappt, soll man ihn, bevor man aus der Tür geht, auf seinen Platz schicken und dort »Platz und Bleib« machen lassen. Bei sorgfältigem Aufbau können Sie damit tatsächlich erreichen, dass der Hund einige Minuten, vielleicht sogar eine halbe Stunde, auf seinem Platz liegen bleibt. Das setzt allerdings voraus, dass er die Übung in Ihrer Anwesenheit schon mindestens so lange sicher – also ohne, dass Sie ihn korrigieren müssen – durchführt. Sie müssten also beispielsweise eine Stunde »Platz und Bleib« unter Aufsicht aufbauen, um den Hund dann vielleicht eine dreiviertel Stunde alleine lassen zu können. Für längere Abwesenheiten ist die Übung nicht geeignet. Wird Sie korrekt durchgeführt, kann der Hund ja während dieser Zeit seine liegende Position nicht verlassen. Selbst wenn Sie ihm den Wassernapf in erreichbare Nähe stellen, ist das auf Dauer unzumutbar. Er ist damit stärker eingeschränkt, als in einer Transportbox. Darüber hinaus machen Sie sich damit die »Platz-und-Bleib«-Übung kaputt, weil der Hund die Übung früher oder später von alleine beenden wird, wenn Sie ihn zu lange ohne Überwachung liegen lassen.

Die »Platz-und-bleib-Übung« ist kein geeigneter Ansatz für das längere Alleinebleiben zu Hause.

4.4. Ein Fall für den Spezialisten

Wenn Ihr Hund schon seit einiger Zeit ein Problem mit dem Alleinebleiben hat, oder nach jahrelangem problemlosem Alleinebleiben plötzlich ein Problem damit entwickelt, brauchen Sie professionelle Hilfe. Das gilt auch, wenn Sie eine schnelle Lösung brauchen, Ihr Hund sich beim Alleinebleiben selbst verletzt oder Sie ihn mit einer entsprechenden Vorgeschichte übernommen haben.

4.4.1. Ich habe schon alles versucht, aber ...

Manchmal rufen Hundebesitzer an, um einen Termin zur Behandlung der Trennungsangst ihres Hundes zu vereinbaren, die vielleicht nicht alles, aber doch schon sehr vieles probiert haben, um dieses Problem in den Griff zu bekommen. In vielen Fällen stellt sich dann heraus, dass die bisherigen Versuche entweder vom Ansatz her ungeeignet waren oder, bei grundsätzlich richtiger Methodik, an der falschen Durchführung gescheitert sind. Teilweise waren die Anleitungen zu ungenau, so dass zu große Trainingsschritte gewählt oder im falschen Moment belohnt wurde. Einige Besitzer sind auch einfach zu ungeduldig und erwarten viel zu rasch Ergebnisse. Sie lassen dann schnell mal einen Trainingsschritt aus, der Ihnen unnötig oder zu mühselig erscheint, oder Sie gehen schon zum nächsten Schritt über, bevor der gerade begonnene Übungsschritt sicher funktioniert.

Wenn mehr als eine Person mit dem Hund zusammenlebt, kann es auch passieren, dass sich nur ein Teil der Familienmitglieder an das Übungsprogramm hält. Gerade bei Trennungsangst ist es aber fatal, wenn der Hund nicht von allen im Haushalt lebenden Personen die gleichen grundlegenden Signale bekommt. Das Trainingsprogramm kann oft in der Hauptsache von einer Person durchgeführt werden. Alle anderen müssen sich aber zumindest unterstützend verhalten. Wenn sie die notwendigen Maßnahmen bei der Begrüßung oder beim Abschied oder die Übungen zur Unterstützung der Selbstständigkeit nicht mittragen, kann der Hund nicht lernen, stressfrei alleine zu bleiben. Ein Familienmitglied, das den Hund nachträglich bestraft, wenn er während des Alleinsein etwas angestellt hat, macht alle anderen Bemühungen wieder zunichte.

Medikamente zu geben, ohne gleichzeitig ein auf diesen Hund passendes Trainingsprogramm durchzuführen, ist in der Regel sinnlos. Selbst wenn der Hund unter der Wirkung der Tabletten alleine bleiben kann, tritt das Trennungsangstproblem wieder auf, sobald man das Medikament absetzt.
Teilweise scheitern die Trainingsbemühungen, weil von vornherein eine falsche Diagnose gestellt wurde. Wenn das unerwünschte Verhalten während des Alleinebleibens aus anderen Gründen gezeigt wird, hilft auch das beste Training gegen Trennungsangst nichts.

Mit einem korrekt durchgeführten und auf die individuelle Situation von Besitzer und Hund abgestimmten verhaltenstherapeutischen Trainingsprogramm, lassen sich die meisten Trennungsangstprobleme erfolgreich behandeln. Trotzdem gibt es Einzelfälle, wo alle Bemühungen scheitern. Dann muss nach alternativen Lösungen gesucht werden.

4.4.2. Hunde mit einschlägiger Vorgeschichte

Manchmal werden Hunde abgegeben, weil sie nicht alleine bleiben können und bei dem neuen Besitzer gibt es von Anfang an überhaupt keine Probleme damit. In anderen Fällen landet so ein Hund im Tierheim, wird vielleicht sogar innerhalb kurzer Zeit wieder vermittelt und kommt zurück, weil er nicht alleine bleiben kann. Oft entwickeln sich solche Hunde zu einem echten Bumerang. Sie werden vermittelt, kommen aber nach ein paar Tagen oder Wochen wegen desselben Problems wieder zurück. Teilweise liegt das daran, dass die neuen Besitzer sich gar nicht die Mühe gemacht haben, an dem Trennungsangstproblem zu

Hunde mit einschlägiger Vorgeschichte sind im Tierheim oft schlecht vermittelbar.

arbeiten. Teilweise haben sie ihr Bestes gegeben, sind aber gescheitert, weil sie keine kompetente Hilfe bekommen haben. Das Problem verstärkt sich natürlich mit jeder gescheiterten Vermittlung weiter. Je häufiger sie erfolglos vermittelt werden, desto weniger sind diese Hunde in der Regel bereit, sich auf eine neue Bindung mit Menschen einzulassen. Trotzdem haben sie nach wie vor Trennungsangst. Mit etwas Glück finden Sie dann vielleicht doch noch rechtzeitig Menschen, die es schaffen, aus diesem Teufelskreis auszubrechen und das Trennungsangstproblem in den Griff zu bekommen oder die bereit sind, den Hund so zu halten, dass er nicht alleine sein muss.

Ein Teil dieser Hunde kann tatsächlich überhaupt nicht lernen, alleine zu bleiben. Meistens sind das Hunde, die bereits eine oder mehrere sehr traumatische Trennungen hinter sich haben. Hunde die ausgesetzt oder beim Auszug in Wohnungen zurückgelassen wurden. Hunde von älteren Menschen, die jahrelang nur eine einzige Bezugsperson hatten und Tag und Nacht mit ihr zusammen waren, bis das Pflegeheim oder der Tod sie getrennt hat. Vor allem aber auch Hunde, bei denen immer wieder mit ungeeigneten Methoden, insbesondere über Strafen und Wegsperren, versucht wurde, das Trennungsproblem zu beheben.

Ob so ein vorbelasteter Hund in der Lage ist, mit der richtigen Herangehensweise das stressfreie Alleinebleiben zu lernen, kann man erst mit Sicherheit sagen, wenn man es probiert hat. Einige zunächst aussichtslos erscheinende Fälle lassen sich mit Geduld und dem richtigen Ansatz lösen. Es kann dann allerdings schon

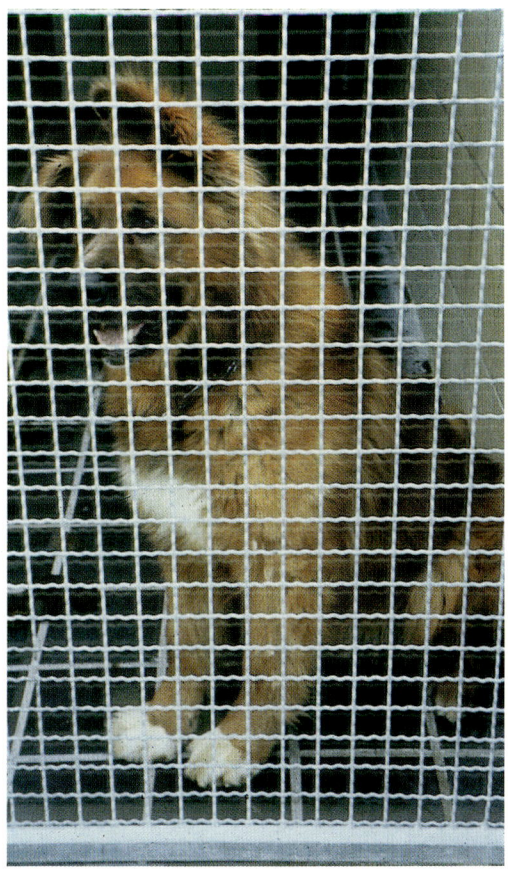

4.4.3. Können Medikamente helfen?

Grundsätzlich lassen sich Trennungsangstprobleme nicht durch Medikamente lösen.
Unnötig eingesetzte Medikamente haben
nicht nur eventuell unerwünschte organische
Nebenwirkungen, sondern können darüber hinaus das Lernverhalten hemmen und damit
den Trainingserfolg zunichte machen.

Es gibt aber durchaus Fälle, in denen es sinnvoll und notwendig ist, zur Unterstützung des
Trainingsprogramms Angst lösende Medikamente einzusetzen. Insbesondere Hunde, die
nicht nur Probleme mit dem Alleinebleiben
haben, sondern ein insgesamt ängstlich-ner-
vöses Verhalten zeigen oder an stark ausge-
prägten spezifischen Ängsten leiden, brauchen
teilweise medikamentelle Unterstützung, um
das Alleinebleiben überhaupt lernen zu können. Das Gleiche gilt für Hunde, die sich selbst
verstümmeln. Auch wenn Sie in die Situation
geraten, Ihren Hund unerwartet sofort alleine lassen zu müssen und eine anderweitige
Betreuung nicht möglich ist, können Medikamente helfen, die Situation für den Anfang zu
managen.

Allerdings sind die Tabletten kein Ersatz für das
Training. Im Gegensatz zu dem, was die Her-
steller teilweise versprechen, zeigt die Praxis
damit auch nicht unbedingt einen schnelleren
Trainingserfolg. Wenn Sie also den Einsatz von
Medikamenten erwägen, um sich Zeit oder Arbeit zu sparen, vergessen Sie es. Das passende
Medikament versetzt Ihren Hund bestenfalls
in die Lage, die gewünschten Lernschritte überhaupt machen zu können oder verhindert, dass
er, wenn Sie ihn während der Trainingsphase
alleine lassen müssen, in Panik gerät.

Mal ein Jahr oder länger dauern, bis der Hund
sich soweit eingewöhnt hat, dass an das Training zum Aufbau von Trennungszeiten überhaupt gedacht werden kann. Mit der richtigen
Vorbereitung geht das dann manchmal viel
schneller und leichter als erwartet. Man sollte
allerdings bei der Übernahme so eines Hundes
sicherheitshalber davon ausgehen, dass man
ihn wahrscheinlich nie alleine lassen kann.
Ohne professionelle Hilfe wird es, auch im
günstigsten Fall, kaum hinzukriegen sein.

Ob und wenn ja welches Medikament für Ihren Hund geeignet ist, sollte ein Tierarzt entscheiden, der auf Tierverhaltenstherapie spezialisiert ist und über entsprechende Erfahrung verfügt. Wenn Medikamente eingesetzt werden, müssen diese meist über mehrere Monate regelmäßig, entsprechend den Angaben des Tierarztes, eingegeben werden.

4.4.4. Hilfe, mein Hund verstümmelt sich selbst.

Automutilation, also Selbstverstümmelung, ist eine echte Verhaltensstörung. Sie kann verschiedene Ursachen haben. Neben körperlichen Erkrankungen und Störungen der Gehirnfunktion ist Stress einer der Hauptauslöser dafür. In diesem Zusammenhang kann Selbstverletzung auch bei Trennungsstressproblemen auftreten. Dabei beobachtet man vor allem das Belecken und Benagen der Pfoten und das Schwanzjagen mit Verletzung des Schwanzes. Verletzungen, die entstehen, weil der alleine gelassene Hund versucht, dem Besitzer durch die geschlossene Wohnungstür zu folgen oder weil er anderweitig in der Wohnung randaliert, zählen nicht dazu.

Allerdings besteht auch in diesen Fällen dringender Handlungsbedarf.

Falls Ihr Hund nicht nur beim Alleinebleiben, sondern auch in anderen Situationen Selbstverletzung oder andere stereotype Verhaltensweisen zeigt (z.B. Schwanzjagen mit und ohne Verletzung, im Kreis Laufen, zwanghaftes Buddeln, stereotypes d.h. gleichförmiges Bellen, usw.) müssen Sie die Ursache dafür auf jeden Fall durch Ihren Tierarzt abklären und behandeln lassen. Er wird Sie vielleicht für einige Untersuchungen an andere Spe-

Bewegungsstereotypien, wie das Kreiseln ...

zialisten (z.B. Neurologen, Orthopäden, Verhaltensspezialisten) weiter überweisen. Stellt sich heraus, dass Stress der Auslöser für das Problem ist – wenn der Hund das

... oder das Überschlagen am Gitter, sind echte Verhaltensstörungen und gehören in die Hände eines Spezialisten.

Wenn Ihr Hund sich beim Alleinebleiben selbst verstümmelt, dürfen Sie ihn zunächst natürlich auf gar keinen Fall alleine lassen. Wenn Sie das organisieren können und genug Zeit haben und wenn das selbst verletzende Verhalten nur zu geringfügigen Verletzungen geführt hat und in anderen Situationen nicht auftritt, können Sie das Trainingsprogramm eventuell selbst in Angriff nehmen. Ist eine dieser Voraussetzungen nicht erfüllt oder tritt das Verhalten im Laufe Ihres Trainingsprogramms wieder auf, brauchen Sie unbedingt professionelle Hilfe.

Selbstverstümmelung und stereotype Verhaltensweisen können sich innerhalb relativ kurzer Zeit verselbstständigen. Sie werden zu einem Suchtverhalten. Dabei besteht nicht nur die offensichtliche Gefahr, dass der sich selbst verletzende Hund Schäden erzeugt, die die Amputation von Körperteilen notwendig machen. Eine einmal etablierte Stereotypie verschlimmert sich ohne Behandlung unter Umständen so sehr, dass der Hund das Verhalten dann nicht nur beim Alleinsein zeigt, sondern irgendwann den ganzen Tag damit zubringt. Er kann nicht mehr von alleine aufhören. Das Verhalten wird dann nur noch unterbrochen, wenn der Hund vor Erschöpfung umfällt und einschläft. Je länger eine Stereotypie besteht und je weiter sie sich verselbstständigt hat, desto schwieriger wird die erfolgreiche Behandlung.

Verhalten nur beim Alleinsein zeigt, können Sie davon ausgehen – sollte die Behandlung durch einen Verhaltensspezialisten durchgeführt werden.

4.5. Kann man Trennungsangst heilen?

Nein, das kann man nicht. Einmal Trennungsangsthund – immer Trennungsangsthund. Unter anderem deswegen ist es so wichtig, beim Welpen alles zu vermeiden, was zur Entstehung von Trennungsstress führen könnte. So weit die schlechte Nachricht, es gibt auch eine gute. Mit einem vernünftigen Trainingsansatz kann fast jeder Hund lernen, trotz seiner Trennungsangst stressfrei alleine zu bleiben. Damit der einmal erzielte Trainingserfolg nicht wieder zusammenbricht, müssen sie allerdings ein paar Punkte beachten.

Insbesondere während des ersten Jahres nach Abschluss des Trainings sollten Sie darauf achten, Ihren Hund täglich für mindestens zehn bis fünfzehn Minuten alleine zu lassen. Bei vielen Hunden genügen anfangs schon 24 Stunden ständiger Kontakt mit dem Besitzer, um die Bindung wieder so zu verstärken, dass anschließend Probleme beim Alleinebleiben auftreten. Falls es durch Krankheit oder im Urlaub einmal nicht möglich sein sollte, diese tägliche Trennungszeit aufrecht zu erhalten, müssen Sie anschließend ein paar Tage gezielten Trainings für den Neuaufbau einplanen. Sie brauchen dann nicht wieder das ganze Programm durchführen, aber viele, anfangs sehr kurze und dann länger werdende Trennungsübungen über drei bis vier Tage sind meistens nötig, bis es wieder klappt.

Je länger das Alleinebleiben schon zuverlässig funktioniert, desto geringer ist die Gefahr eines Rückfalls. Einige der Veränderungen, die im Rahmen des Trainings zum Alleinebleiben eingeführt wurden, müssen Sie aber ein Hundeleben lang beibehalten. Dazu gehören die Rituale beim Abschied und bei der Begrüßung ebenso, wie der Sicherheitsplatz. Erfahrungsgemäß tendieren Menschen dazu, im Laufe der Zeit die Übungen, die zu einer Lockerung der Bindung beitragen, wieder schleifen zu lassen. Bei einigen Hunden kann man sich das bis zu einem gewissen Grad erlauben, ohne dass dadurch Probleme entstehen. Sie sollten aber, spätestens, wenn Sie merken, dass Ihr Hund wieder erste Anzeichen von Trennungsstress entwickelt, wieder konsequent daran arbeiten.

Da Trennungsangst zu den so genannten Angstkonditionierungen gehört, kann jeder stärkere Stress im Leben Ihres Hundes das Problem auch nach Jahren wieder zum Vorschein bringen. Der Hund muss also keine neuerliche Stresserfahrung mit dem Alleinebleiben machen, z.B. nach einem Umzug oder durch ein Angst auslösendes Erlebnis während des Alleineseins. Eine körperliche Erkrankung des Hundes, Veränderungen der Familienstruktur oder der gewohnten Alltagsabläufe, ein traumatisches Erlebnis, kurz alles, was bei Ihrem Hund größeren körperlichen oder seelischen Stress auslöst, kann die Trennungsangst wieder zum Vorschein bringen. Wenn man dann schnell reagiert und sinnvoll gegensteuert, lässt sich das Problem allerdings meistens wesentlich schneller in den Griff kriegen, als beim ersten Trainingsaufbau. Wartet man zu lange oder kommt es zu wiederholten Rückfällen, weil der Gesamtstresslevel im Leben des Hundes zu hoch ist oder weil die Besitzer die notwendigen Maßnahmen zur Aufrechterhaltung des stressfreien Alleinebleibens nicht konsequent genug beibehalten, besteht die Gefahr, dass das Problem eines Tages nicht mehr zu beheben ist. Dann bleibt als Alternative nur noch eine Rund-um-die-Uhr-Betreuung des Hundes zu organisieren.

Nach dem Familienurlaub, in dem der Hund ständigen Kontakt mit Ihnen hatte, müssen Sie sicher anschließend ein paar Tage gezielten Trainings für den Neuaufbau einplanen.

Alternativen zum Alleinebleiben

Falls Sie Ihren Hund aus irgendeinem Grund überhaupt nicht alleine lassen können oder wollen, brauchen Sie immer eine Betreuungsmöglichkeit, wenn Sie einmal nicht für ihn da sein können.

Auch wenn Sie sich entschlossen haben, das stressfreie Alleinebleiben mit Ihrem Hund Schritt für Schritt aufzubauen, brauchen Sie eventuell zeitweise eine Unterbringungsmöglichkeit für ihn, bis das Training erfolgreich abgeschlossen ist. Sie sollten Ihren Hund nämlich möglichst nicht alleine lassen, bevor er gelernt hat, damit ohne Stress zurecht zu kommen. Sonst ist die Gefahr sehr groß, dass sich aus einem leichten ein sehr massives Trennungsangstproblem entwickelt. Ein bereits ausgeprägtes Problem kann sich dadurch so verfestigen, dass der Hund irgendwann gar nicht mehr in der Lage ist, das stressfreie Alleinebleiben zu lernen. Auf jeden Fall wird das Training langwieriger und aufwändiger, wenn Ihr Hund wiederholt negative Erfahrungen mit dem Alleinebleiben macht. Wenn sich die Hundebetreuung nicht innerhalb des Haushalts organisieren lässt, brauchen Sie daher zumindest für einige Zeit eine alternative Unterbringungsmöglichkeit.

Allerdings stellt sich nicht nur für allein lebende Hundebesitzer die Frage, wohin mit dem Hund, wenn ich ihn nicht mitnehmen kann. Nicht jeder hat Familienangehörige oder Freunde, die in der Nähe leben und den Hund beaufsichtigen können. Wenn man Familie, Freunde oder Bekannte für den Zweck einspannen möchte, müssen die natürlich auch Zeit haben. Besonders schwierig wird es, wenn der Hund täglich für mehrere Stunden untergebracht werden muss. Schließlich ist auch die betreuende Person dadurch sehr eingeschränkt, da sie nicht ohne den Hund aus dem Haus gehen kann. Häufig wären Eltern oder Freunde zwar grundsätzlich bereit, den Hund zu betreuen, aber die Größe, das Temperament oder die mangelhafte Erziehung des Hundes überfordert sie. Auf der anderen Seite gibt es Hundebesitzer, die den Hund ungern von anderen betreuen lassen wollen, weil sie befürchten, dass dadurch ihre eigenen Erziehungsbemühungen zunichte gemacht werden. Gerade Hundebesitzer, die während ihrer Arbeitszeit eine tägliche Betreuung für viele Stunden brauchen, haben oft Angst, dass ihr Hund in dieser Zeit eine intensivere Bindung zu der Betreuungsperson aufbauen könnte als zu ihnen selber. Diese Befürchtungen sind nicht völlig von der Hand zu weisen. Andererseits sind Hunde durchaus fähig, enge Bindungen zu mehreren Bezugspersonen aufzubauen. Jeder, der schon mal einen Familienhund gehalten hat weiß, dass Hunde sehr gut in der Lage sind zu lernen, was bei einer Person erwünscht oder erlaubt ist und bei wem andere Spielregeln gelten. Wenn allerdings vorher schon klar ist, dass es bei der Betreuung durch Verwandte oder Freunde Streit über den richtigen Umgang mit dem Hund geben wird, sollten Sie vielleicht lieber gleich eine Betreuung durch andere Personen anstreben. Auch wer keine Familie oder Bekannte hat, die für die Betreuung des Hundes in Frage kommen, muss sich nach anderen Möglichkeiten umsehen.

Es gibt eine ganze Reihe älterer Menschen, die selber keinen Hund (mehr) halten können oder wollen, aber gerne bereit sind, sich stundenweise um ein Tier zu kümmern. Sie tun das oft gegen ein geringes Entgelt oder sogar umsonst, weil sie selber Freude daran haben. Über eine Anzeige in der Zeitung, Aushänge im lokalen Supermarkt oder bei umliegenden Tierarztpraxen kann man Kontakte knüpfen.

Auch Studenten verdienen sich gerne auf diese Weise ein kleines Zubrot. Teilweise bieten die örtlichen Tierschutzvereine eine Vermittlungsbörse für Tierbetreuung an. Das ist dann meist ein Geschäft auf Gegenseitigkeit, weil es vor allem auf Urlaubsbetreuung abzielt. Es sind aber oft auch Menschen dabei, die während des ganzen Jahres bereit sind, ein Tier zeitweise zu betreuen.

Die meisten Hundehalter werden nur ab und zu oder für einige Stunden in der Woche eine Betreuungsmöglichkeit für ihren Hund brauchen. Was aber, wenn Sie, bedingt durch Trennung vom Partner, eine Umschulung oder einen Jobwechsel, auf längere Sicht den Hund für viele Stunden täglich alleinlassen müssen. Auch wenn der Gedanke vielleicht auf den ersten Blick gewöhnungsbedürftig ist, so eine Art »Dogsharing« kann für alleinstehende Hundebesitzer und ihre Hunde im Einzelfall durchaus eine sinnvolle Alternative zur Abgabe des Hundes sein. Insbesondere, wenn absehbar ist, dass der Besitzer selber nur vorübergehend so viel Zeit außer Haus verbringen muss. Es setzt allerdings voraus, dass die Betreuungsperson(en) nicht ständig wechseln, so dass der Hund mit dem- bzw. denjenigen eine stabile Beziehung aufbauen kann.

Darüber hinaus gibt es inzwischen in vielen Städten, und teilweise auch im ländlichen Bereich, professionelle Tagesbetreuungsangebote für Hunde. Das sind entweder Hundepensionen, die den Hund nicht nur im Urlaub nehmen, sondern auch eine Tagesbetreuung anbieten oder reine Tagesbetreuungsangebote. Einige haben ein festes Gelände, wo die Hunde abgeliefert und wieder abgeholt werden können. Sozialverträgliche Hunde können dort den Tag über unter Aufsicht mit Artgenossen spielen. Andere bieten einen Gassigehservice, wo der Hund von zuhause abgeholt und auf Wunsch auch wieder gebracht wird. Hundepensionen haben teilweise auch einzelne Unterbringungsmöglichkeiten mit Auslauf für Hunde, die nicht in eine Gruppe integriert werden können. Allerdings muss der Hund sich auch an den Aufenthalt in der Hundepension erst gewöhnen. Hunde, die sich in der Gruppe mit Artgenossen wohlfühlen, gehen meist sehr gerne in die Hundepension. Es gibt aber auch Hunde, die sich dort – trotz guter Betreuung – nie wirklich wohlfühlen.

Für alte Hunde ist eine private Betreuung, bevorzugt durch Personen, die der Hund bereits kennt oder ausreichend kennen lernen kann, bevor er das erste Mal dort bleiben soll, in der Regel vorzuziehen. Hier besteht eventuell auch die Möglichkeit, einen Hundesitter zu finden, der zu Ihnen nach Hause kommt und den Hund in der eigenen, vertrauten Umgebung betreut. Hunde, die in bestimmten Situationen Problemverhalten zeigen, insbesondere aggressives Verhalten gegenüber anderen Menschen oder Hunden, sind oft in einer Hundepension oder professionellen Tagesbetreuung besser untergebracht. Allerdings sollte man sich das Angebot vorher genau ansehen, den Hund dort vorstellen und in einem ausführlichen Gespräch mit dem Betreiber herausfinden, ob die Bedingungen dort für diesen Hund geeignet sind und ob die notwendige Sachkunde tatsächlich vorhanden ist.

Um eine Hundepension betreiben zu können genügt es nämlich, sich an bestimmte gesetzliche Vorschriften bezüglich der Unterbringung der Tiere zu halten und eine Sachkundeprüfung beim zuständigen Veterinäramt abzulegen. In dieser Prüfung werden aber in erster Linie die relevanten Bestimmungen des Tierschutzgesetzes abgeprüft. Fragen Sie Ihren Tierarzt oder andere Hundebesitzer, welche Hundepension sie empfehlen können. Darüber hinaus sind Sie überwiegend auf Ihr eigenes Urteilsvermögen angewiesen, um zu entscheiden, ob Sie Ihren Hund einer bestimmten Person anvertrauen möchten oder nicht.

Tierärzte, Tierschutzvereine und teilweise auch Hundefrisöre und Zoofachgeschäfte kennen die örtlichen Angebote und Möglichkeiten zur Unterbringung von Hunden meist recht gut und geben auch gerne Auskunft. Wenn Sie oder Ihr Hund spezielle Ansprüche haben, müssen Sie vielleicht ein bisschen intensiver suchen. Erfahrungsgemäß lässt sich aber für jeden Geldbeutel und fast jeden Hund eine passende Betreuung finden, wenn man gezielt danach sucht. Manchmal kostet es ein bisschen Überwindung, den ersten Schritt zu tun, aber es lohnt sich eigentlich immer, wie das folgende Beispiel zeigt.

Eine schwer kranke Hundebesitzerin hatte sich, nach einer erfolglosen Anzeige in der Tageszeitung, dazu entschlossen, einfach alle anderen Hundebesitzer, denen sie auf Ihren Spaziergängen mit dem Hund begegnete, anzusprechen. Das hat sie anfangs viel Überwindung gekostet, aber da sie wenig Geld hatte, kam eine professionelle Betreuung des Hundes für sie nicht in Frage. Sie hat auf diesem Wege innerhalb kurzer Zeit nicht nur drei Personen gefunden, die bereit waren, sich um den Hund zu kümmern. Sie hat auch die, durch ihre Krankheit bedingte, jahrelange soziale Isolation überwunden und neue Bekanntschaften aufgebaut. Ihr Hund ist zwei Jahre später, nach dem Tod seiner Besitzerin, von einem der Hundesitter übernommen worden. Die neu gewonnenen sozialen Kontakte und die Gewissheit, ihren Hund gut versorgt zu wissen, haben dieser Frau sehr geholfen, mit ihrer Krankheit Frieden zu schließen.

Auch wenn ihre Situation nicht ganz so dramatisch ist, macht Ihnen dieses Beispiel vielleicht Mut, die Suche nach einer Betreuungsmöglichkeit anzugehen. Es gibt allerdings auch Situationen, wo der beste Rat lautet: »Tun Sie sich und dem Hund einen Gefallen und geben Sie ihn ab.« Vor einiger Zeit kam ein junges Paar mit einem zehn Wochen alten Welpen in die Verhaltensberatung. Sie suchten Hilfe, um das Stubenreinheitstraining möglichst schnell hinzukriegen. Es stellte sich dann heraus, dass beide voll berufstätig waren und der Hund von Montag bis Freitag mehr als acht Stunden täglich alleine war. Sie hatten ihn freitags beim Züchter abgeholt, damit er übers Wochenende Zeit hatte, sich bei ihnen einzugewöhnen. Bis zum Mittwoch der nächsten Woche hatten sie nicht nur viele Flecken auf dem Teppich, sondern auch diverse zerkaute Schuhe und Bücher zu beklagen. Ärger mit den Nachbarn gab es nicht, weil der kleine Hund erstaunlicherweise keinen Krach machte, während er alleine war. Nach der Beratung haben die beiden den Welpen an den Züchter zurückgegeben.

Sie hatten keine Möglichkeit, den Hund zur Arbeit mitzunehmen. Sie wären zwar bereit gewesen, ihre Freizeit rund um den Hund zu organisieren, aber eigentlich war in ihrem Leben gar kein Platz für einen Hund. Sicherlich war es für den Welpen nicht schön, erst verkauft und dann wieder zurückgegeben zu werden. So hatte er aber zumindest die Chance, ein neues Zuhause mit besseren Ausgangsbedingungen zu finden.

In einem anderen Fall hatte eine junge Frau gerade eine lange ersehnte Berufsausbildung angefangen, als ihr Lebensgefährte sich von ihr trennte. Sie hatte keine Ahnung, wohin ihr Expartner verschwunden war, und der gemeinsam angeschaffte Hund blieb, zusammen mit einem größeren Schuldenberg, bei ihr. Grundsätzlich wäre es möglich gewesen, ein stressfreies Alleinebleiben bei dem Hund aufzubauen. Die Besitzerin hätte wahrscheinlich in ihrem Bekanntenkreis auch für die Dauer des Alleinbleibe-Trainings eine Betreuung des Hundes organisieren können. Allerdings war der Hund immer mehr der Hund ihres ehemaligen Lebensgefährten gewesen. Zu ihr hatte er nie eine engere Beziehung aufgebaut. Sie hatte auch bei Spaziergängen teilweise große Probleme mit ihm, weil er bei ihr nicht so gut gehorchte, wie bei ihrem Exfreund. Außerdem hatte sie ein Angebot bekommen, nach dem Abschluss ihrer Berufsausbildung ins Ausland zu gehen. Der Hund hätte dann aber mehrere Monate in einem Quarantänezwinger verbringen müssen.

Sie hat sich dann entschlossen, den Hund abzugeben. Für die Übergangszeit organisierte sie Betreuungsmöglichkeiten bei Freunden und begann mit dem Training fürs Alleinebleiben. Da sie noch keinen Zeitdruck für die Abgabe des Hundes hatte, konnte sie sich die Interessenten für den Hund genau ansehen. Da es sich um eine eher seltene Rasse handelte, gab es eine ganze Reihe von Interessenten. Einigen davon wollte die Besitzerin den Hund nicht anvertrauen, bei anderen kam keine Sympathie zwischen Hund und Bewerber auf. Über Aushänge in den Tierarztpraxen der weiteren Umgebung fand sich nach knapp vier Monaten ein Mann, den der Hund auf Anhieb als neues Herrchen adoptierte. Nach einigen gemeinsamen Spaziergängen und einem Probewochenende, durfte er endgültig dort einziehen.

Wenn Sie irgendwann feststellen, dass die Anschaffung des Hundes ein Fehler war oder wenn sich Ihre Lebensumstände so verändern, dass die weitere Haltung des Hundes nicht mehr möglich ist, dann kann es durchaus eine verantwortliche Entscheidung sein, den Hund abzugeben. Wenn Sie Ihren Hund aber auf jeden Fall behalten möchten, dann sollte Trennungsstress kein Grund sein, sich von ihm trennen zu müssen. Dieses Buch und die darin beschriebenen Übungen können Ihnen helfen Problemen vorzubeugen und ein stressfreies Alleinebleiben aufzubauen. Wenn Sie darüber hinaus professionelle Hilfe brauchen, finden Sie auf den nächsten Seiten die Adressen von Organisationen, die Ihnen helfen können, kompetente Ansprechpartner in Ihrer Nähe zu finden.

Die gute Nachricht ist, dass die meisten Hunde lernen können, stressfrei alleine zu bleiben.

Schlusswort

Beim Schreiben dieses Buches sind mir viele Erinnerungen wieder ins Gedächtnis gerufen worden. Erinnerungen an Hunde und ihre Besitzer, die als Patienten in meine Verhaltenstherapiepraxis gekommen sind, weil sie ein Problem mit dem Alleinebleiben hatten. Einige davon kamen sozusagen vorbeugend, um sich Rat zu holen, wie sie das Alleinebleiben am besten aufbauen könnten. Die meisten hatten bereits ein mehr oder weniger großes, fest etabliertes Problem, für das sie eine Lösung brauchten. In einigen Fällen hatte der Vermieter bereits die Kündigung der Wohnung angedroht, falls das Gebell des Hundes nicht umgehend abgestellt würde. In so einer Situation ist der vorübergehende Einsatz von Angst lösenden Medikamenten zur Unterstützung des Verhaltenstrainings notwendig, wenn ein Alleinelassen des Hundes nicht vermeidbar ist. Es gab in den Jahren einige Hunde, deren Besitzer nach der Beratung eine Betreuungsmöglichkeit für den Hund organisierten und auf die Durchführung des Alleinbleibe-Trainings verzichteten oder sich entschlossen, den Hund abzugeben. Es gab auch einige, wo trotz intensiven Trainings kein dauerhafter Erfolg erzielt werden konnte. Bei den meisten Trennungsangstpatienten konnte durch die Verhaltenstherapie aber innerhalb von drei bis sechs Monaten ein entspanntes Alleinebleiben aufgebaut werden. In einigen Fällen, unter anderem bei einer Hündin, die ich selber übernommen hatte, weil die Besitzerin sie wegen ihres Trennungsstressproblems einschläfern lassen wollte, war praktisch gar kein Training notwendig. Ein vernünftiges Management von Abschied und Heimkehr der Besitzer sowie ausreichend Eingewöhnungszeit, teilweise auch die Anwesenheit eines weiteren Hundes erwiesen sich als ausreichend, um stressfrei alleine bleiben zu können.

Dieses Buch soll Ihnen helfen, Alleinbleibe-Problemen vorzubeugen, die Hintergründe für ihre Entstehung zu begreifen und Fehler im Umgang mit dem trennungsängstlichen Hund zu vermeiden. Es ist nicht als Anleitung zur oder Ersatz für eine Verhaltenstherapie gedacht. Wenn bereits ein massives Trennungsangstproblem etabliert ist oder andere Verhaltensprobleme zu Schwierigkeiten beim Alleinebleiben führen, ist eine individuell auf den speziellen Hund und seine Lebenssituation zugeschnittene Therapie notwendig. In dem Fall sollten Sie sich so bald wie möglich professionelle Hilfe holen.

Die Autorin

Christiane Wergowski (geb. Quandt) ist Tierärztin und hat 1992 die erste rein verhaltenstherapeutische Tierarztpraxis in Deutschland gegründet.

Neben der Verhaltenstherapiepraxis betreibt sie eine Hundeschule und ist als Referentin in der Aus- und Weiterbildung von Tierärzten und Hundeausbildern tätig. Sie hält Vorträge und Seminare für Hunde- und Pferdebesitzer rund um das Thema Verhalten und Ausbildung. Seit ein paar Jahren lebt sie mit ihrer Familie, drei Hunden, drei Katzen und diversen Kaninchen in der Uckermark.

Nützliche Adressen:

GTVT Gesellschaft für Tierverhaltenstherapie e.V.
Dr. Ursula Bonengel
Am Kellerberg 18 a
84175 Gerzen
www.gtvt.de

BHV Berufsverband der Hundeerzieher/innen und Verhaltensberater/innen e.V.
Eichenweg 2
65527 Niedernhausen
www.bhv-net.de